超越 STUDIO SUPER 设计课

解码空间设计

Decode the Spatial Design

连接形式与功能的密钥

聂克谋 著

机械工业出版社
CHINA MACHINE PRESS

本书创新性地通过为建筑师构建“空间设计专用几何系统”，以几何学习为逻辑线索串联丰富案例图解，带领读者开发建筑设计中空间组织的“几何潜能”，找到连接形式与功能的密钥。

本书将从搭建几何图形的空间描述参数开始，到讲解图形的组织方法与逻辑，最终回归到具体建筑中探讨如何运用“图形思维”推进“空间设计”并以此串联形式与功能。本书将带你从定义、性质、关系、应用四个层面逐步掌握 “空间设计”与“几何潜能”的要义，掌握“图形思维”并提升设计中的“抽象与还原”能力。从此在设计时：拥有设计师描述与度量空间的“专用几何系统”；在“形式”与“功能”的思考中切换自如；创造“抽象几何”与“具象建筑”之间的连接，从而设计出形式与内容兼备的理想建筑产品。

本书是全面且创新的空间设计教学图书，适合建筑专业及相关设计专业学生、从业者系统了解与学习建筑空间设计，也可作为其他领域人士了解建筑学的入门图书。

图书在版编目（CIP）数据

解码空间设计：连接形式与功能的密钥/聂克谋著. —北京：机械工业出版社，2024.6

（超越设计课）

ISBN 978-7-111-75840-2

Ⅰ.①解… Ⅱ.①聂… Ⅲ.①空间设计 Ⅳ.①TU206

中国国家版本馆CIP数据核字（2024）第098115号

机械工业出版社（北京市百万庄大街22号 邮政编码100037）

策划编辑：时 颂　　　　责任编辑：时 颂

责任校对：樊钟英 薄萌钰　　责任印制：张 博

北京华联印刷有限公司印刷

2024年7月第1版第1次印刷

148mm×210mm · 4.5印张 · 121千字

标准书号：ISBN 978-7-111-75840-2

定价：49.00元

电话服务　　网络服务

客服电话：010-88361066　　机 工 官 网：www.cmpbook.com

010-88379833　　机 工 官 博：weibo.com/cmp1952

010-68326294　　金 书 网：www.golden-book.com

机工教育服务网：www.cmpedu.com

致每一个热爱设计的你

序

空间是连接形式与功能的密钥。空间的边界反映了形式的轮廓，空间的组织则展现了功能的逻辑。设计师对于“形式”与“功能”的思考经由“空间”这个平台得以联系，最终才能获得一个“形式”与“内容”兼备的产品。

设计师对于“空间”的理解与思考深度对设计成果影响深远。然而由于空间本身过于抽象，经典设计理论书籍中对“空间”的讲解大多都依附于“形式”之上，而鲜有将其作为**独立概念**进行系统讲解。几何是非常良好的度量抽象空间的系统，但仅仅通过对数学几何系统的学习没有办法帮助大家建立起几何与空间设计的连接。

本书基于我多年在实践与研究中对“空间设计”与“图形思维”的探索与思考而创作，创新性地搭建出一套**设计师专用的“空间几何系统”，试图用具象的“图形系统”为载体为大家系统地讲述抽象的空间设计。**人类应对复杂世界的秘密武器之一就是“抽象与还原”能力，这套专用几何系统能帮助大家将建筑设计中复杂的空间问题压缩到“二维图形”中去思考解决，并最终在“三维空间”中还原这些“抽象决策”。

全书以几何学习逻辑为线索，从**定义（空间与几何的价值）**开始，到**性质（图形性质）与关系（图形组织）**，最终落实到**应用（用图形思维推进空间设计）**，层层递进地带领读者理解与学习“空间设计”，期望能以此帮助读者，建立“抽象图形”与“具象设计”之间的联系，理解不同“图形”背后所蕴含的“形式”与“功能”的可能性，开发图形的“几何潜能”，实现在“形式”与“功能”的思考之间穿梭自如。

本书同样也将通过大量经典与时下最新的图示案例讲解，以及贴近每个人日常学习经验类比，让大家直观地进入“空间”与“几何”的学习语境。**书中的空间设计教学是全面且创新的，并试图创造跨越时代的局限直达本质的设计法则。**但内容的创作难免受限于作者个人的局限性，希望读者能以本书为起点，在设计实践中不断丰富所学得的理论，最终构建属于自己的空间设计法则。

目录

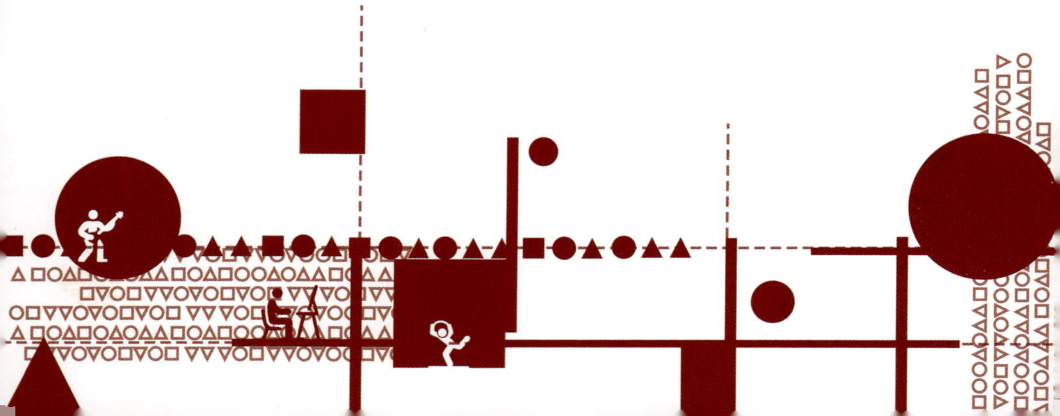

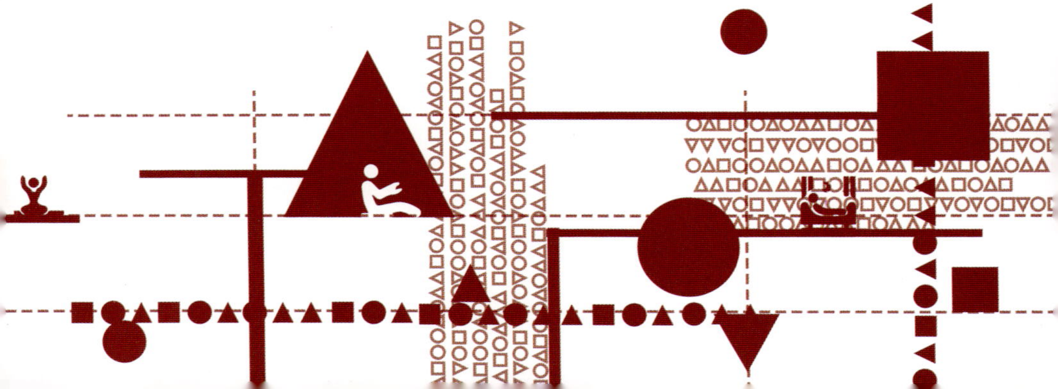

01

定义：设计中的『空间』与『几何』价值

“房间必须在没有标注使用名称的情况下体现它们的用处（rooms must suggest their use without name）。这对建筑师、建筑学院的教学来说将是至高无上的使命。”

——路易斯·康

第1节 空间：形式与功能的链接

一、形式、功能、空间关系

在探讨“空间”在设计中的“价值”之前，我们必须先理解设计中“形式”“功能”与“空间”三者的定位与关系。虽然几乎所有的设计都会涉及“空间”的概念，但使用者更能从那些直接创造“物理空间”的设计中感受到“空间”的重要性，因为在这一类设计中人们最终使用的就是这些“物理空间”。老子《道德经》中的一句话“埏埴以为器，当其无，有器之用”，可以很好地诠释这类设计中“形式”“功能”与“空间”三者的关系：**功能是目的，形式是手段，最终被使用的却是空间。**陶土塑造的外形界定出来的空腔，使之成为可以被使用的陶器。**“形式”界定出来的“空间”使得“功能”这一“目的”得以实现。**三者相互影响，密不可分。

在《解码形式语言：图解建筑造型的秘密》一书中，我们提到过：设计的内核，是为了实现某个抽象的设计概念或主题，将基本的功能与形式元素通过一定的组织原则结合，最终得到形式与内容兼备，且同时传递理念与精神的产品。“形式与内容兼备”要求设计师的脑海中有一个同时容纳“形式”与“功能”思考的平台，“空间”就是这样一个平台：**空间的边界反映了形式的轮廓，空间的组织则展现了功能的逻辑。**设计师对于“空间”理解与思考的深度将会从各方面影响产品的用户体验。

而在众多设计中，**建筑设计又是最依赖“空间”思考**的，这与**建筑设计中对“功能的高度定制”**和其带来的**建筑师特定的“设计思维方式”**相关。建筑师必须具有更强的、能利用“空间”这一媒介在设计中同时思考“形式”与“功能”的能力，才能最终设计出“形式与内容（功能）兼备”的作品。

二、建筑中的“功能定制”

与其他设计领域不同，**建筑产品中的“功能及功能组织”是高度**

定制化的，建筑设计需要面对随社会变迁、地域差别、建筑类型等原因而不断变化的功能需求。而**其他设计领域的产品功能大多都是相对固定的，**在这样的设计语境下，设计师就相对只需要着重思考在形式上的设计。

比如**服装设计**中，服装产品的功能就是包裹与保护身体。设计师通过对服装的材质、色彩、层次进行控制，以及对特定构件（纽扣、拉链等）特殊处理来完成不同的设计（**图1-1**）。再比如**汽车设计**，功能和组成构件也是相对固定的，设计师通过改变汽车整体或配件（座椅、车门、车灯等）的形状、使用方式等来完成不同的设计，比如有名的**“鸥翼门”**设计（**图1-2**）。总体来说，这些设计对象都有一个固定的功能，设计师通过调整形式元素来完成设计。

左：图1-1 服装设计，山本耀司
右：图1-2 鸥翼门，特斯拉

相对固定的功能，对应着相对固定的构成元素，也使得形式的设计有更多的限制。如彼得·贝伦斯做的**电热水壶**（**图1-3**）和迈克尔·格雷夫斯做的**开水壶**的设计（**图1-4**）中对于特定构件（把手、壶身、壶嘴）的形式调整也是有限的。这也是建筑设计专业与其他设计专业最大的区别：**建筑设计需要同时处理“功能”和“形式”**。不同的建筑有不同的功能需求，需要为其匹配不同的形式设计；即使是相同的功能需求，不同的功能组织方式也对应着不同的形式设计。

左：图1-3 电热水壶，彼得·贝伦斯
右：图1-4 开水壶，迈克尔·格雷夫斯

以位于中国香港九龙的**MegaBox商场（图1-5a）**为例，我们可以看到不同的功能组织方式会带来完全不同的建筑形式。与传统4~6层的裙楼商场不同，MegaBox商场裙楼高达19层。这是由于中国香港的高密度城市环境，要求建筑在垂直向发展以提高土地利用率。占地面积更小的MegaBox商场把传统商场平铺于同层的公共空间（电影院、溜冰场、美食广场等）都垂直叠放在建筑中**（图1-5b）**。正因为这种定制的功能组合方式，使得MegaBox商场在造型上成为一个与众不同的方形大盒子。

a）

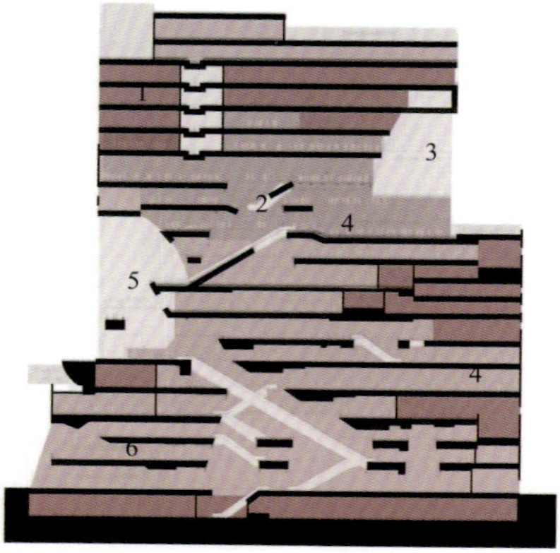

1—空中停车
2—中庭
3—空中溜冰场
4—商业
5—边庭
6—机动车交通空间

b）

图1-5 MegaBox商场，美国捷得国际建筑师事务所
a）效果图 b）剖面图

图1-6　北京侨福芳草地，徐腾
a）效果图 b）剖面图

a）

1—办公
2—商业
3—地下车库

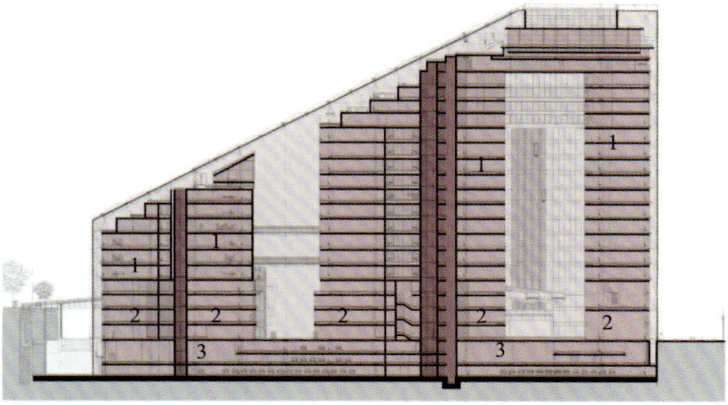

b）

同样是商业加办公的配置，**北京侨福芳草地（图1-6）**想把所有的功能，包括一般放置于塔楼的办公和常规裙楼部分的商业，都集约在一个体量中。四座单体建筑被一个梯形环保罩包围，并在四周设有下沉9m深的花园。两个案例在功能需求上几乎一致，但由于功能的空间组织逻辑不同，造型大不相同。

建筑设计中功能的组织逻辑直接影响产品的使用，功能需求的变化也要求形式的对应调整。对于建筑设计师来说，设计的自由度与可能性变大了，但这也同时成为一个设计难点。人类的大脑无法同时思考两件事，建筑师却需要同时承担“功能”与“形式”的思考和调和，这也促成了建筑设计师的独特的思考方式。

三、建筑师的“设计思维”

探讨设计思考过程，需要先了解设计的结果。在探讨建筑师的“设计思维”之前，我们先了解一下建筑设计的**“理想产品”：形式与内容兼备，且同时传递理念与精神的产品。**诚然，设计的内在含义十分重要，但下文将先着重讲述“形式与内容兼备”这一基础要求。

从更贴近日常生活的设计着眼，我们可以更好地理解这一点。比如**可口可乐的瓶子（图1-7）**，从形式出发，以“曼妙的身姿”作为它特有的标志；就功能而言，这个纤细的位置某种程度上可以让人很方便地用手握住，形式与功能达成统一。再比如经典的**iPhone4天线设计（图1-8）**，通过将天线设计在手机的外侧包框，在减少了手机厚度的同时也带来了精致的金属边框设计，“天线”衔接位置也设计成了勾边造型，很好地达成了形式与功能的统一。

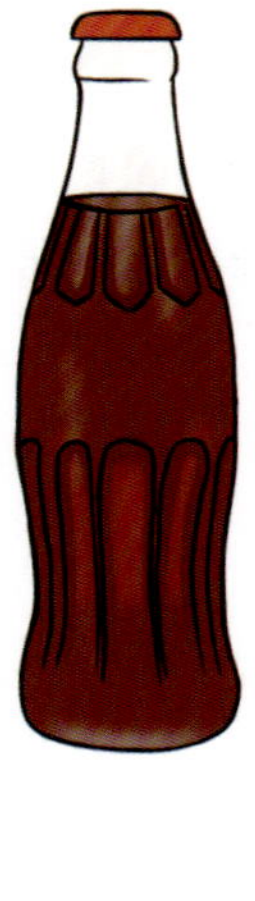

左：图1-7 可口可乐瓶身设计
右：图1-8 iPhone4 天线设计示意图

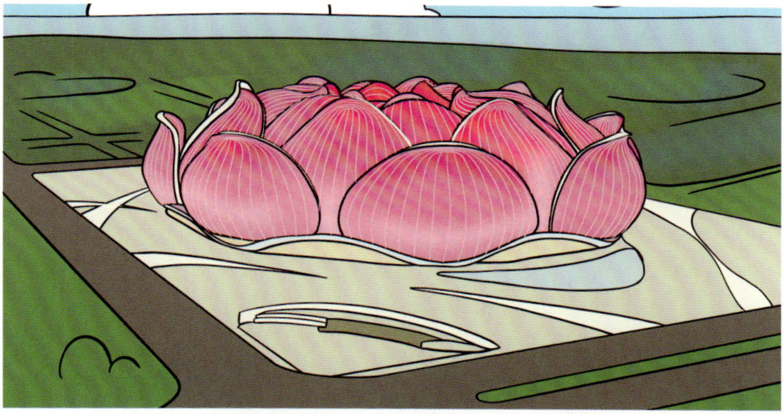

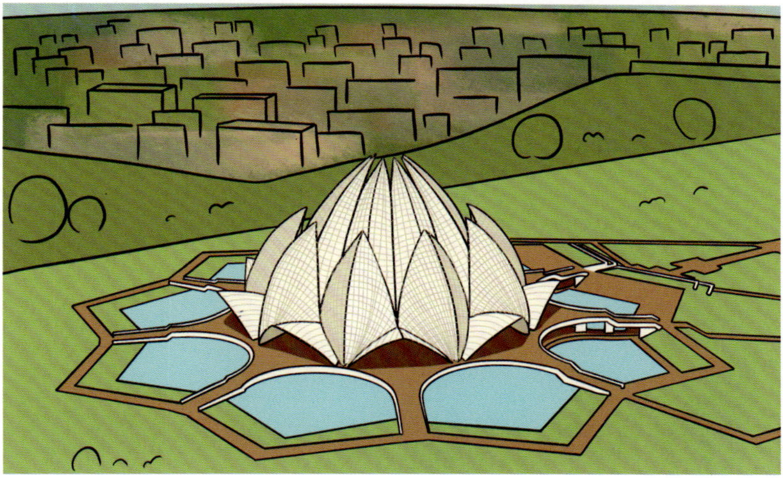

上：图1-9 『形似』莲花的建筑
下：图1-10 印度莲花寺，法里博尔斯·萨赫巴

回归到建筑设计本身，从“形式与内容兼备”的角度来分析，同样以莲花为造型灵感，如果仅从形式出发，可能莲花的概念只会影响建筑的**“表皮”**（**图1-9**），而**“印度莲花寺”**（**图1-10**）的造型与内部空间却是不可分割的整体。

“印度莲花寺”中莲花的结构总共有三层：外叶、中叶和内叶，对应不同的功能。内叶对应最大的祭拜空间，中叶对应周边供人休息的、观望的附属空间，外叶对应雨篷的空间。主体建筑形式与功能完全对应。不仅如此，其周边的场地设计也是对外辐射的莲花形状，生长出来的枝叶形式——对应着水池（景观）和连桥（交通）的功能。设计中各元素有机融合（**图1-11**）。建筑师并非单纯因为形式偏好而选择莲花造型作为建筑的“装饰”，在**“印度莲花寺”**的设计中，“形式”与“内容”高度统合。

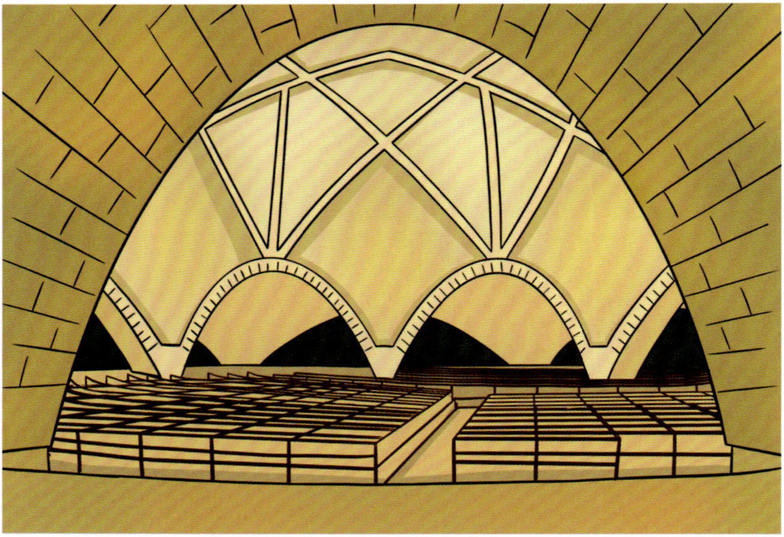

a）

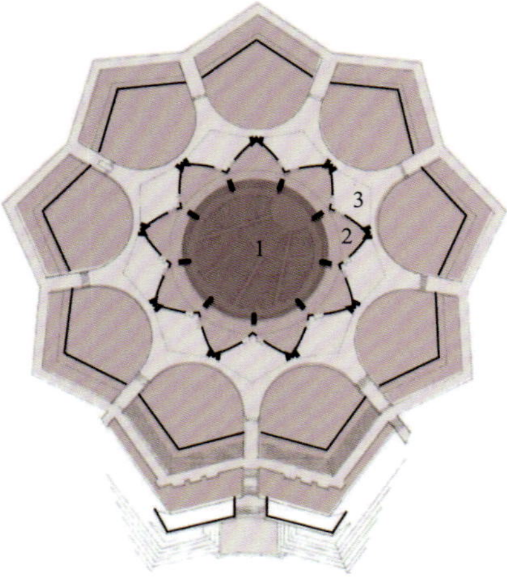

1—祭拜空间
2—附属空间
3—雨篷

b）

图1-11 印度莲花寺，法里博尔斯·萨赫巴
a）室内透视图 b）平面图

单纯地从“功能”或者“形式”角度思考都不能做出这样有机的理想建筑。单纯从“功能”出发的建筑仿佛是从平面图直接拉起来的体量，容易显得单调且缺乏故事性；而单纯从形式出发的设计背后没有功能逻辑的支撑只是“空壳花瓶”。我们经常会看到仅为造型而设计的建筑表皮，去掉这层“装饰”事实上不影响建筑的本质。**在设计中使“形式”与“内容（功能）”有机结合应该成为设计师的基本功。**

“形式与内容兼备”的设计成果，要求建筑师在设计中能够“同时”处理“形式”与“功能”的问题，但事实上，人类大脑并不能真正地同时思考两个问题。所有的“看似同时”都只是思考切换得足够快速。建筑设计也是一样的，**设计中对“形式”和“功能”的思考并不是真的同时而是有先后顺序的**，也不是线性平行的，而是像DNA结构一样，反复交叠，螺旋前进的。**“空间”就像是DNA结构中的“氢键”一样，将本来关联性不大的两种思考角度联系在一起（图1-12）。**辅助设计师在设计过程中不断地协调“形式”和“功能”的需求，使两者不会脱节。

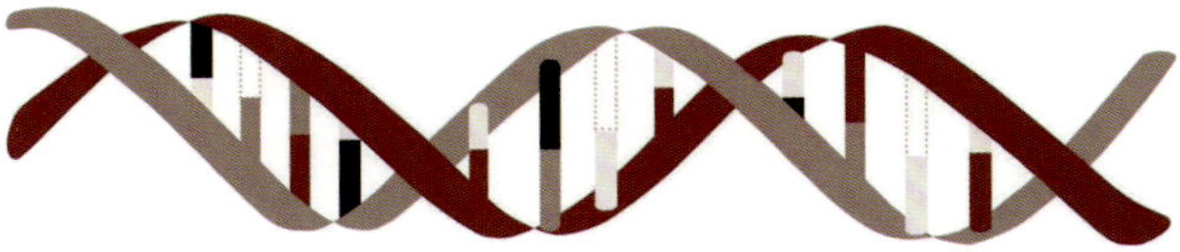

图1-12 形式、功能、空间关系图

设计师可以以“功能”或者“形式”为起点，然后经过两种思考模式，即**“功能-空间-形式”和“形式-空间-功能”的交替运用**，最终使得“形式”与“功能”有机结合。下文将结合案例更好地解释这两个模式：

（一）功能-空间-形式

从功能到空间到形式，是十分常见的建筑设计逻辑，从功能气泡图开始，以此为基准生成反映空间逻辑的各层平面，最后把平面拉起做造型。如经典现代主义建筑：**包豪斯校舍（图1-13）**，就是由不同的功能需求设计出的体块组合而成。这座1926年诞生的建筑成为建筑史上的里程碑。但如果整个设计过程中只使用这种近乎纯理性的设计逻辑，很有可能会一定程度忽略建筑造型上的趣味。

a）

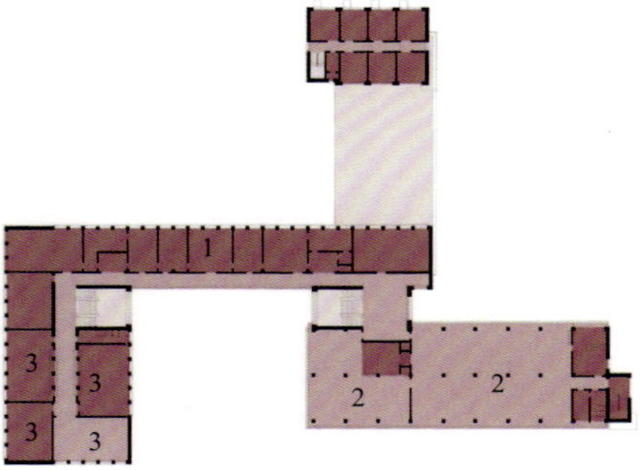

1—办公
2—工坊
3—教室

b）

图1-13 包豪斯校舍，格罗皮乌斯
a）透视图 b）平面图

（二）形式-空间-功能

而从形式到空间到功能，是一种被忽略的思维。简单理解，就是看到某种形式时，联想到它的空间，进而推测出合适的功能组织。我们可以发现，这是一个更依赖对“空间”思考的方式，需要先理解抽象的形式关系，再对应到具体的功能关系上。在一些具象的建筑中，这是经常被使用的设计逻辑，比如前文提到的“印度莲花寺”，便是一个非常好的以“形式”为起点的优秀案例。

无论哪种思维，“空间”的思考都为“形式”与“功能”的协调提供了中间平台。**但由于“空间”本身过于抽象，设计师需要借助更精确的“几何词汇”对其进行描述和度量。**

第2节 几何：空间的“度量衡”

一、空间设计中的“几何潜能”

“几何思维”几乎贯穿整个建筑设计。希格弗莱德·吉迪恩曾在《空间·时间·建筑》一书中提到：“建筑永远与几何比例保持密切联系，不但对于高度的几何形式如此，对于有机的形式亦复如此，它对于现代建筑仍然适应，建筑永恒不变的法则是其与几何学之间的关联。”

设计师需要借助更精确的**“几何系统”**在二维设计图纸（平面图、剖面图等）上思考空间形式与关系，即通过剖切的方式，对“空”的部分进行思考。就像一个装水的**陶罐**，只有被剖切开来，我们才能研究其中容纳的水的部分（**图1-14**）。我们常常用**几何词汇**，如“尺度”“围合度”“对称性”等去评价图纸，其实是在描述**空间效果**。这也是为什么生活中专业设计师在看方案的时候常常只看平面图或剖面图就能给出很多评价。我们常常能听到类似的描述：“这个空间尺度太大，适合做展览/会客空间”“这个空间围合度高，适合做私密空间”“这个空间对称性强，适合配置有仪式感的功能”。**在这些利用“几何词汇”对空间效果的描述中，我们既看到了“形式”又看到了“功能”。**

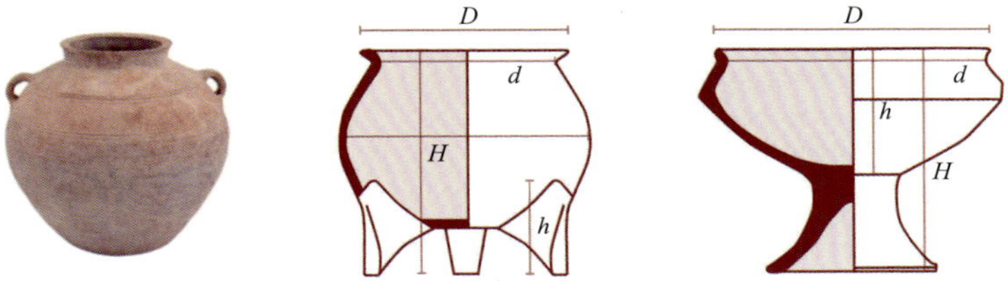

a） b）

图1-14 陶罐
a）透视图 b）剖面图

在设计图纸上，抽象的空间被转化成可以识别的几何图形，空间组织被抽象成几何关系。以哥伦比亚大学商学院楼（图1-15）为例，从剖面图的几何关系中我们既可以看到**“功能关系”**又可以看到**“形式逻辑”**。如果在这里我们利用通透性来区分空间的虚实，那么学院楼的形式逻辑可以被理解为，通过中心通透性更强的“虚体体块”连

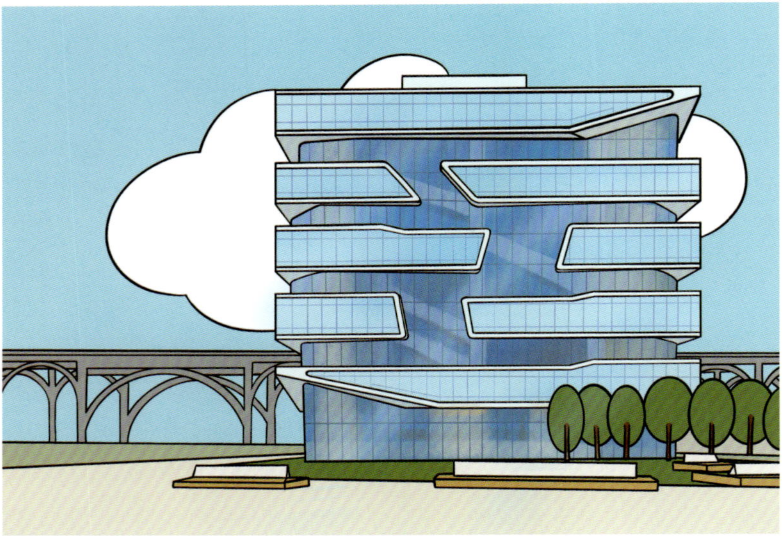

a）

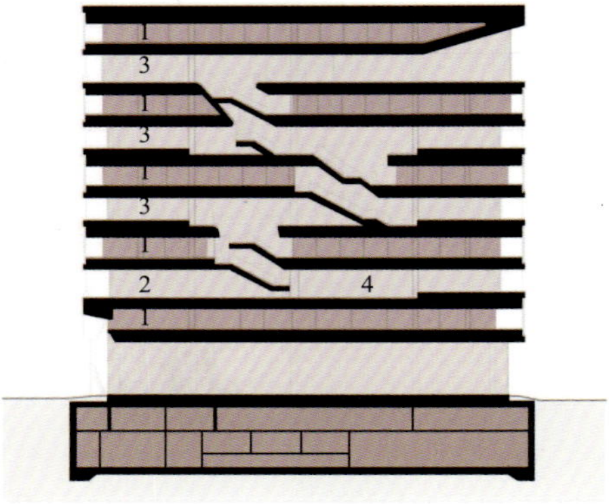

b）

图1-15　哥伦比亚大学商学院楼，法里博尔斯·萨赫巴
a）透视图　b）剖面图

接其余通透性相对更弱的“实体体块”。虚体空间相应布置了公共性更强的学生教室，以连接实体空间配置的私密需求更高的教师办公空间。“形式”与“功能”的设计统一协调。剖面图虽然没有具体表达建筑的材质与细节，却通过**“几何图形与关系”**将具体的建筑造型简化成抽象的空间，将抽象的功能关系变成具体的空间组织。

用**“几何思维”**阅读空间的时候，我们虽然未能窥见建筑形式（造型）或功能组织的全貌，却得以窥见两者“发展的可能性”，这些可能性就是**“几何潜能”**。潜能，意味着一种潜在的、尚未实现的可能性。设计师只有加深对**几何图形的基本性质及其组织关系**的理解，才能在设计中最大化地开发这种潜能，创造更多空间及其组织的可能性，发现“形式”与“功能”统一的可能解，然后从中选择最优的一组，得到最终建筑设计的答案：**形式与内容兼备，且同时传递理念与精神的产品。**

二、空间设计的“抽象”与“还原”

用“几何思维”推进空间设计的能力背后是**“抽象”与“还原”能力**。抽象为人们**简化**复杂问题求取本质解法，还原助大家把抽象的解法具体地应用到现实世界。**抽象为思考建立平台，还原助成果深化落地**，这是人类应对复杂世界的秘密武器，也是学习与创造中不可或缺的能力。

大家非常熟悉的机械臂的发明实际上也是一个从**抽象任务到机械还原**的过程，在这个过程中自然的肌肉骨骼的活动方式被抽象成杠杆和轴点（图1-16）。工程师将任务抽象成数学模型并设计出能够完成任务的运动计划，再设计出具体的机械构造和控制程序用来完成实际任务。语言文字、音符等都是人类的抽象工具，语言文字的存在使得思想、文明得以跨越时间地点传播；音符的存在使得一整首歌的旋律可以被压缩进二维纸面被记忆学习。抽象工具使得人类**突破维度的限制**理解世界、解决问题。

在建筑设计中，抽象的工具就是几何。几何帮助设计师把复杂的三维空间问题**简化**到二维图形中去思考解决，在其中捕捉设计的关键

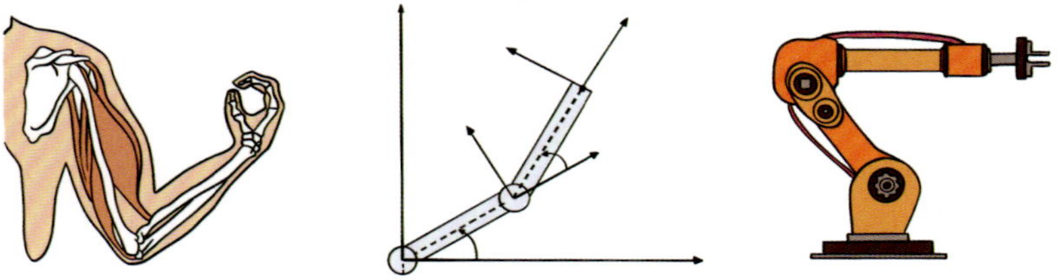

图1-16 机械臂（抽象与还原）

元素，做出空间形状与关系，空间布局与分配等**抽象决策**。最终这些决策在三维中被还原成**具体空间**。抽象与还原过程是相互作用，来回进行的。这意味着想要进行更有效的空间设计，设计师不但需要理解**几何图形的基本性质与组织关系**以做出更好的抽象决策，也需要理解这些**抽象决策与具体的空间是如何相互影响，**以更好地将抽象模型应用于现实场景。一旦设计师在调整二维几何图形时，能够想象到这是如何影响建筑的空间，进而影响形式与功能的，就能实现在**抽象决策与实际建筑中穿梭自如**。

这其实与我们在数学课程中学习几何的逻辑非常相似：首先需要理解单个几何图形的性质（直线、圆形、三角形等），接着需要理解图形的相互关系（平行、相交、垂直等），最终需要利用这些几何知识解答实际应用题。但这只是一个“通用几何系统”，并不足以直接应用到各个专业领域。接下来的章节将为大家搭建一个**“空间设计专用几何系统”，创造抽象几何与具象建筑之间的连接。**从搭建一个**几何图形的空间描述参数（性质）**开始，**到图形的组织方法与逻辑（关系）**，最终回归具体建筑中，探讨如何运用**几何思维推进空间设计（应用）**并以此串联形式与功能。

章节阅读打卡

印象深刻的地方（感想）：

想要提问的问题：

02

性质：图形的基本空间性质

"建筑学就是以几何学为基础建立起来的学科。"

——罗宾·埃文斯

第1节　几何图形的空间描述参数

为了构建“空间设计专用几何系统”，本章节归纳总结了几何图形与空间设计相关的性质，建立出一套独有的“几何图形的空间描述参数”，以创建“几何图形”与“空间描述”之间的连接。

如前文所提，**对建筑的“空间描述”，包含了“形式”与“功能”信息，建筑设计中的“几何图形”也是如此。**三维空间的边界即是形式，空的部分承载功能。设计师能更容易理解二维图纸中**图形的边界是形式的切面，**但常常难以察觉这些图形本身所携带的指引**“功能组织”的信号**，即使潜意识里能够读取也以为是“靠经验和感觉”，而没能够归纳总结出其背后“图形”与“功能”的通用关联规则。空间设计专用几何系统，就是基于对这些规则的总结。

几何图形的关键“空间描述参数”可以总结为以下5个维度：**①空间位置；②朝向与轴线；③比例与尺寸；④围合度；⑤方正性**。我们将**以设计师的眼光重新审视所有几何图形**，并逐步掌握从这些“参数”的维度去阅读评价设计中的几何图形。在理解图形“形式”信息基础上，**更好地阅读平面几何图形中潜在的“功能”信息**并在设计中运用。

一、空间位置

空间位置是单个几何图形最重要的空间描述参数。**空间位置的相对关系（图2-1）直接区分出了“主角”与“配角”**。当某一几何图形位于中央时，它就处在最适合发生能量交换的“c位（中心）”，辐射影响周边处于“观察位”的图形。处于中心位置的图形，常常在设计中被选作轴心以汇聚或连接周边各种各样的其他功能。而“观察位”的图形则会布置一些辅助性或私密性较高的功能。

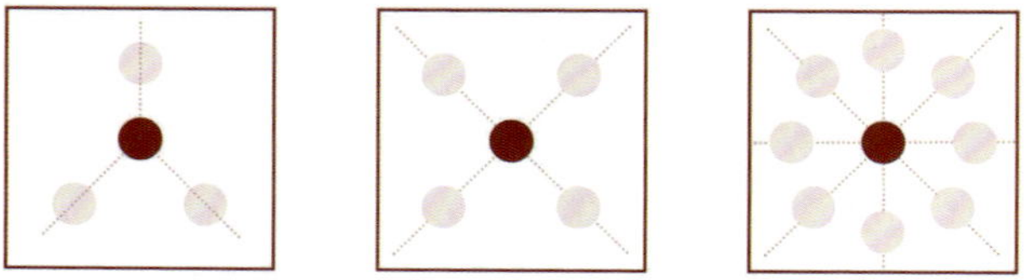

图2-1　空间位置的相对关系

图2-2 法国巴黎戴高乐机场，保罗·安德鲁
a）效果图 b）平面图

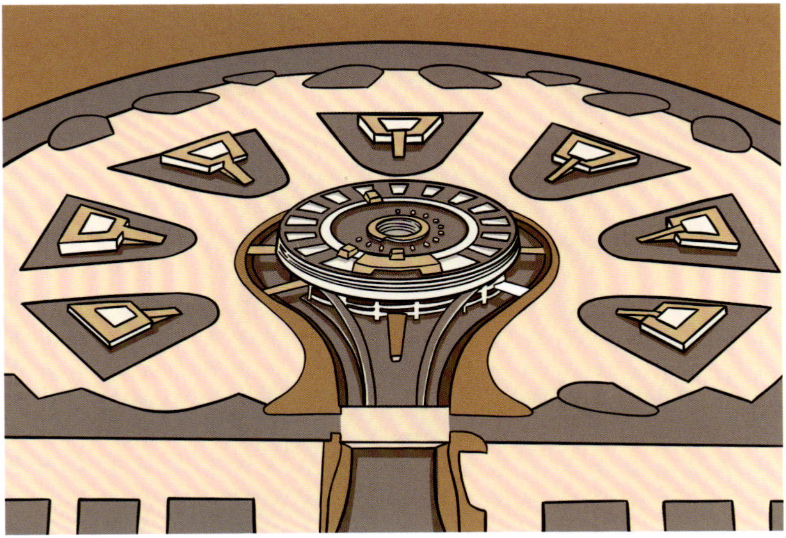

a）

1—航站楼
2—卫星厅

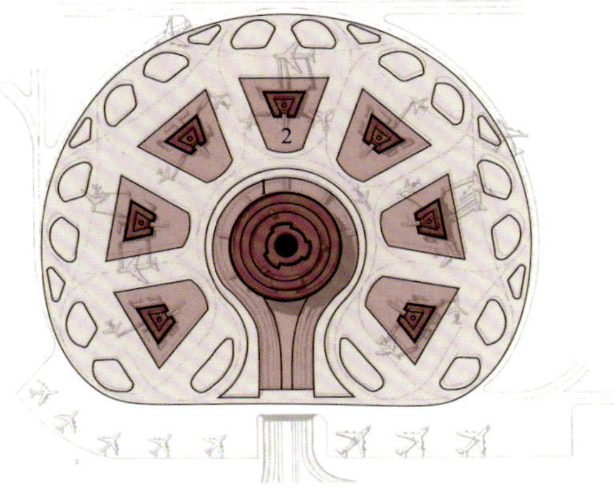

b）

以法国巴黎**戴高乐机场（图2-2）**为例，其平面中位于“中心位”的圆形与周边几何图形有清晰的辐射关系。仅仅从图形的空间位置，我们已然可以清晰阅读出“中心圆形”的“主角地位”，看出其是所有交通关系以及视线关系的交汇点。在实际设计中，中心圆形建筑自然就成为核心主体，并承载了主航站楼的功能，形式上也比周围卫星厅更高。

与中心位相对，处在周边“观察位”的配角空间则由于更容易被忽略，因而常常用来布置更为私密和辅助性的功能。以**朗香教堂（图2-3）**为例，在平面四周被切分的狭小图形内，最终被放置了如祭台、圣器室、忏悔室等辅助功能，同中央的圣堂和主祭台构成了完整的教堂功能。在世人眼中“漂亮玻璃窗”所存在的立面也许是朗香教堂最令人记忆深刻的点，但作为设计师应该同时关注空间的组织架构，若没有配角空间的精心布置，主角空间的纯粹与空灵也就很难实现。

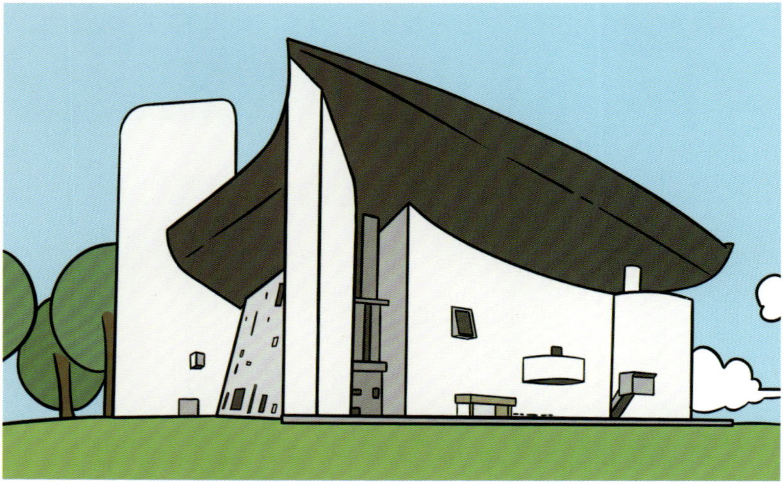

a）

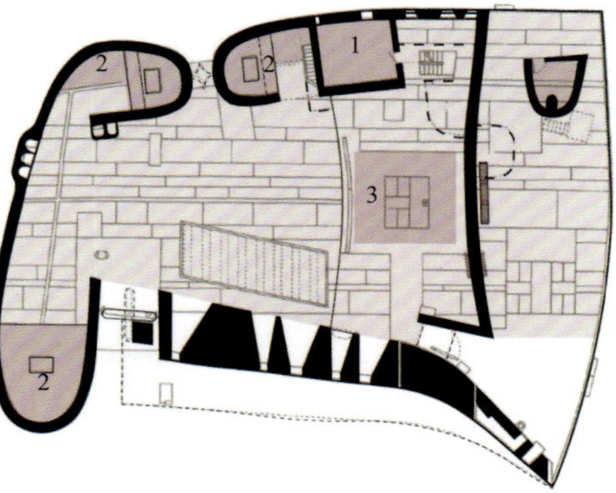

1—圣器室
2—偏祭台
3—主祭台

b）

图2-3 朗香教堂，勒·柯布西耶
a）效果图 b）平面图

图形的相对位置，划分了空间等级关系，从而影响功能布置。如**孟加拉国达卡国民议会大厦平面图（图2-4a）**中可以看出中心区域圆形不仅在形式上凸显，功能上也是最核心的议会厅，周围的八个附属区域则是休息室、办公室等相对次要的功能空间。除了平面图，建筑的剖面图中的图形关系同样能展现空间等级，仅从美国**西雅图图书馆剖面图（图2-4b）**中图形离公共地面的远近程度就能轻易区分出空间的私密性。其中的功能从下至上分别为：公共区、问询区、藏书区、行政区，私密性依次增强。学会阅读图形“相对位置”背后所附带的等级信息，能够帮助我们在设计中更理性地区分空间主次，更合理地组织功能与设计形式。

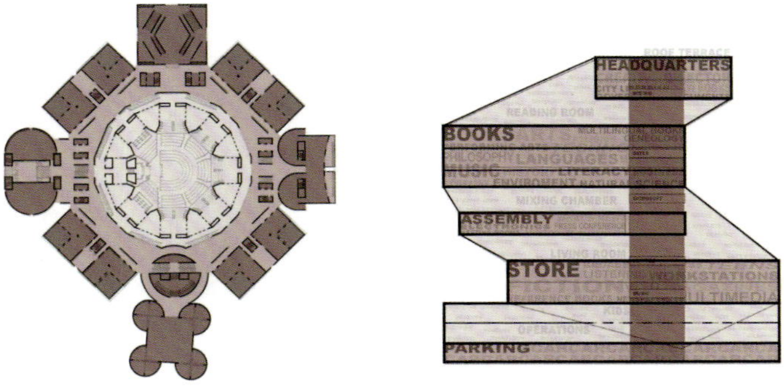

a）　　b）

图2-4　相对位置
a）孟加拉国达卡国民议会大厦，路易斯·康
b）美国西雅图图书馆，OMA

二、朝向与轴线

空间位置塑造等级关系和私密性，图形的**朝向与轴线（图2-5）则影响建筑的主立面与入口和功能组织。**朝向影响采光从而影响功能，轴线则影响入口及主要立面方向。

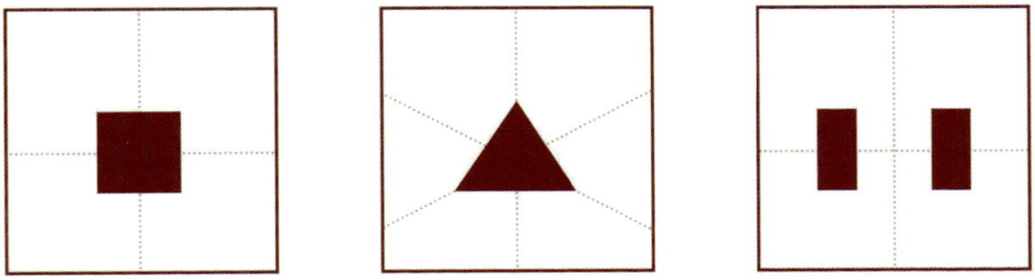

图2-5　图形的朝向与轴线

建筑的主立面与入口往往与轴线方向一致。如张永和设计的**二分宅（图2-6）**以一对旋转对称的方形为基础，轴线交汇处自然定义了它的主入口。两个方形稍带旋转的朝向设计，明确了建筑的打开方向，既围合出内部的庭院空间，又使建筑更具隐私性。

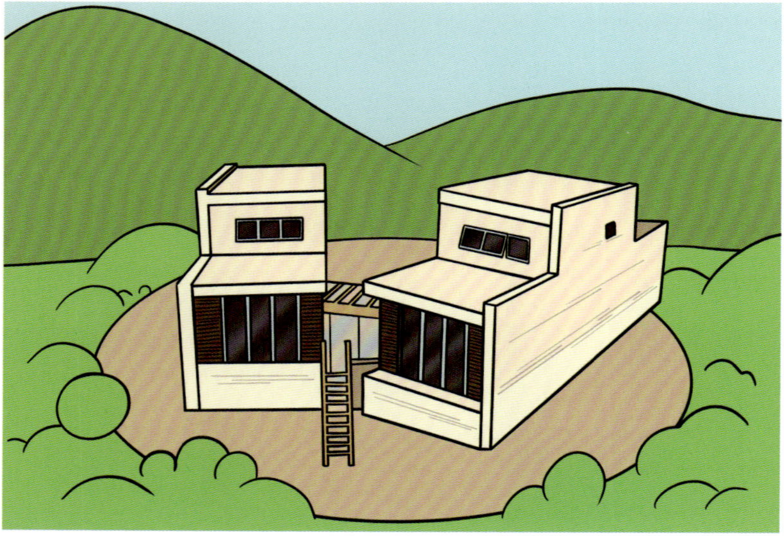

a）

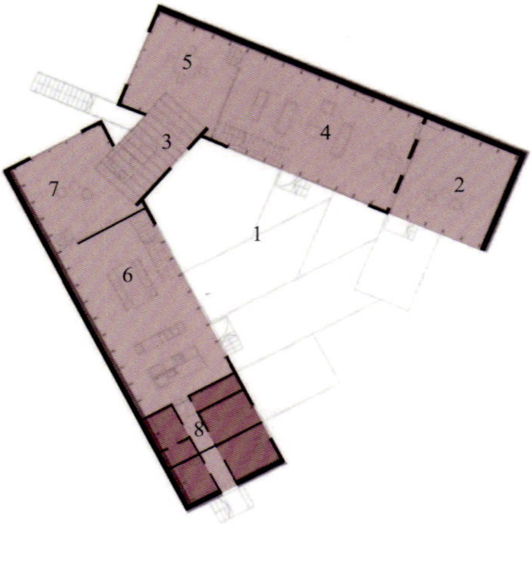

1—庭院
2—半室外空间
3—门厅
4—起居室
5—麻将室
6—餐厅
7—休息室
8—服务用房

b）

图2-6 二分宅，张永和
a）效果图 b）平面图

图2-7　红岭实验小学，源计划

a）效果图　b）平面图

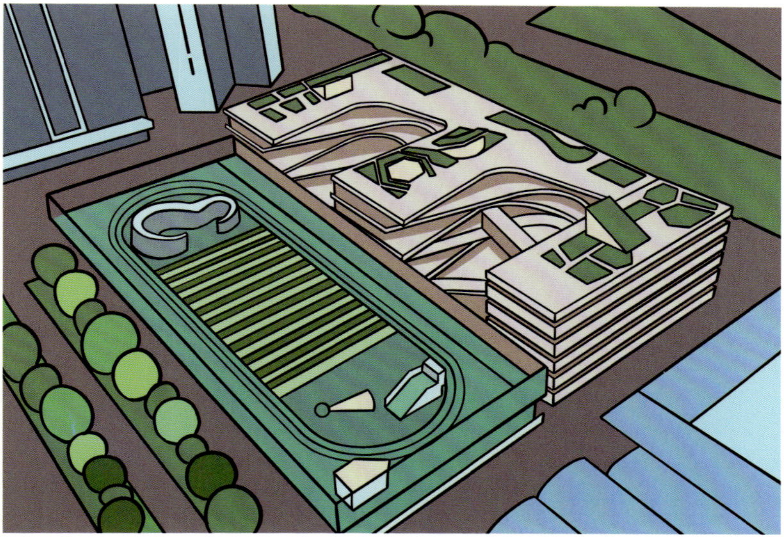

a）

1—教室
2—配套

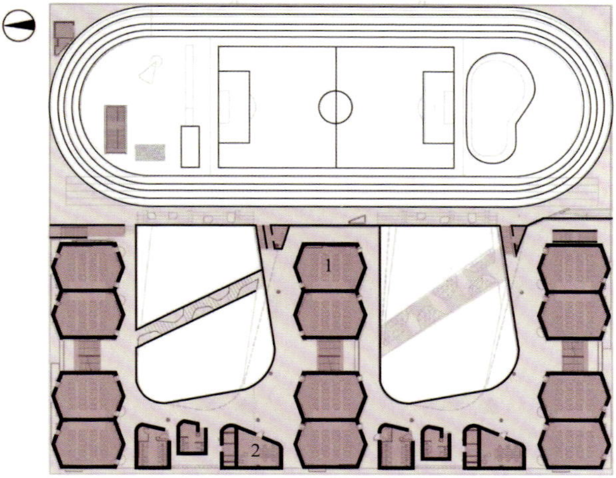

b）

采光与功能组织有密不可分的关系，仅仅是观察平面图图形朝向也能大致推测此空间所放置功能的类别。如源计划设计的**红岭实验小学（图2-7）**为保证教室的充足光照，南北朝向布置的一定是教室，而西侧因为西晒，放置的则是辅助配套空间。

同样位于深圳的**百度国际大厦（图2-8）**也遵循了同样的原则，将核心筒与公共空间布置在东西方向，南北侧布置重要的、高效益的办公空间，避免因西晒影响办公。可见即使建筑类型完全不同的设计中，也可能遵循着相同的功能组织规则，体现在图形上就是**某些维度上有同样的几何逻辑**。

a）

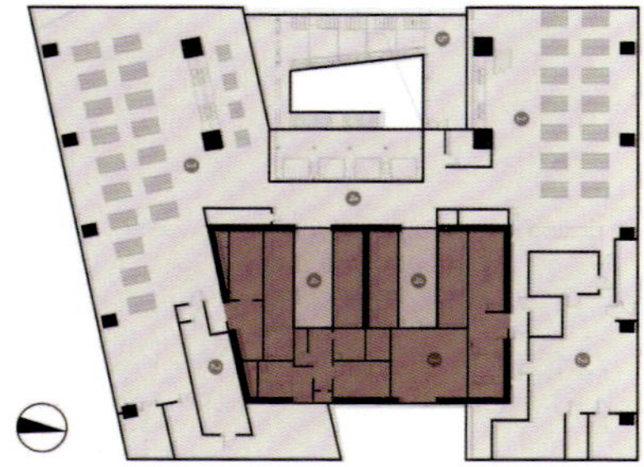

b）

图2-8 百度国际大厦，东西影工作室
a）效果图 b）平面图

三、比例与尺寸

比例与尺寸（图2-9）包含图形**长宽与面积**两个方面的信息。长宽两个维度差异影响空间使用状态，长边更开阔且使用状态更开放，短边更紧凑且使用状态更私密。如赫尔佐格与德梅隆设计的**慕尼黑安联球场（图2-10a）**整体呈扁长的椭圆形，即使是同一排，长边的票价也高于短边，这正是因为位于椭圆长边的座位有更广阔的视野。

图2-9 比例与尺寸

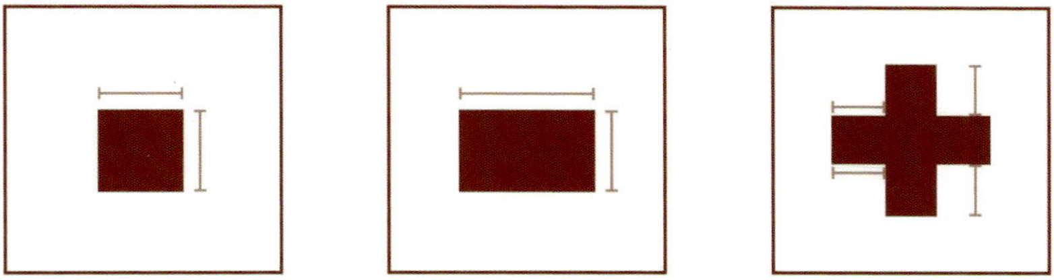

由于不同维度使用状态的区别，在建筑设计中空间“使用者”的主要朝向和功能的“私密性”产生了关联。以诺曼·福斯特设计的**美国曼哈顿21街551号西住宅（图2-10b）**为例，如在餐厅中，使用者坐在长边还是两端，其用餐感受必然不同。由此引发了对室内家具布置的考量，公共客餐厅的家具布置让使用者面向长边，空间状态更加开放，而在私密卧室中，使用者通常面对短边，状态更加私密。**空间的比例影响着使用者的感受，也影响着内部空间的布置。**

图2-10 比例与尺寸实例
a）慕尼黑安联球场，赫尔佐格与德梅隆
b）美国曼哈顿21街551号西住宅，诺曼·福斯特

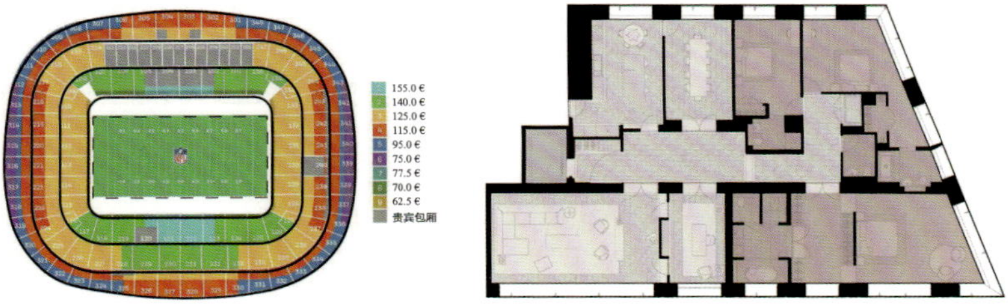

a） b）

不同的长宽比也可以体现很抽象的功能逻辑，如表达不同宗教的态度。圣彼得大教堂的平面从**希腊十字式（图2-11a）**逐步演化为**拉丁十字式（图2-11b）**，反映了两个教派背后教义的不同。希腊十字更主张民主，通过四面相等的十字形，展现出各个阶级拜神时的平等；而拉丁十字则有明显的长短边，决定了神的位置和祭拜方向，且专门留出用作平民排队祭拜的区域，象征着其教派的集权和专政。“希腊十字”到“拉丁十字”的平面变化过程涉及更多的复杂社会、历史、宗教文化变化带来的功能变化，这些**真实、具体的功能信息又被压缩进了抽象的几何图形里**。运用“空间设计专用几何系统”可以帮助我们更好地将这些信息解压出来。

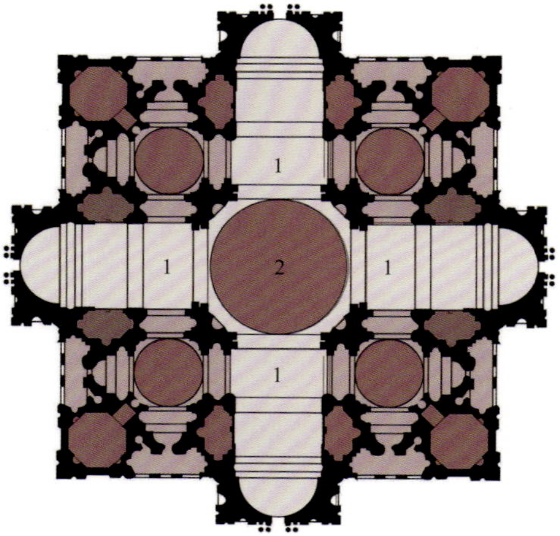

1—耳堂
2—十字交叉点

a）

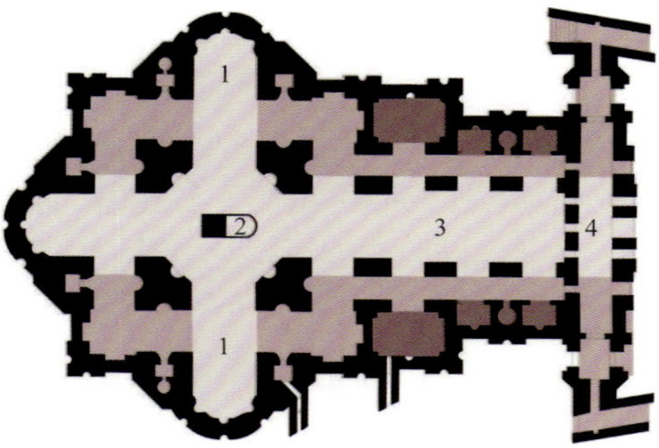

1—耳堂
2—十字交叉点
3—中厅
4—前厅

b）

图2-11 圣彼得大教堂平面演化
a）希腊十字式 b）拉丁十字式

图2-12　成羽町美术馆，安藤忠雄
a）效果图　b）平面图

a）

1—展厅
2—办公室
3—咖啡厅

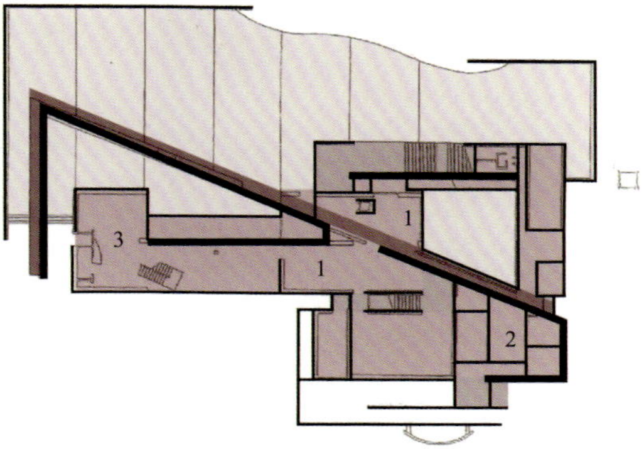

b）

当一个图形的**长宽比达到一定极限**乃至成为**线性空间**时，很难在其中布置常规的功能，它就大概率成为单纯的走道空间。出自安藤忠雄之手的**成羽町美术馆（图2-12）**外侧的细长空间自然成为走道，保证平面构图完整性的同时又延长了游客到达展厅的路线。当我们理解了更多“几何”与“功能”的对应关系，再去解读建筑平面时，有时不需要在平面中标注出具体的功能，也可以大致推测整体的组织逻辑关系。

a）

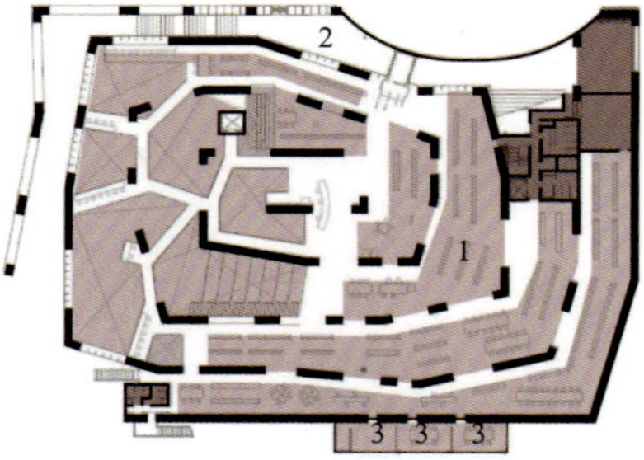

1—书库
2—室外露台
3—自习室

b）

图2-13　武藏野大学图书馆，藤本壮介
a）效果图　b）平面图

同样是极致的长宽比，但当空间的尺寸超出普通走道的尺寸时，一般性的功能又得以在其中布置，如藤本壮介设计的**武藏野大学图书馆（图2-13）**就是纯粹以线性“走道”构成的建筑。盘旋的走道构成了美术馆的螺旋形体量，图书馆的各部分功能罗列其中，它的本质其实折叠的简单长条形。**比例相同，控制空间的尺寸也会产生截然不同的使用体验。**

四、围合度

围合度（图2-14）直接定义空间内部与外部之间的关系，影响空间采光和私密性。**围合度越高空间越私密且采光越弱，围合度越低空

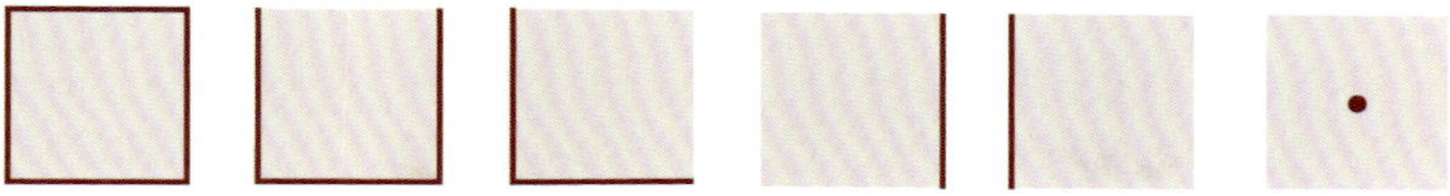

图2-14 围合度

间越开放且采光越强。

路易斯·康设计的**屈灵顿游泳池更衣室（图2-15）**是灵活运用不同的围合方式区分空间私密性的典范：三面围合只面向中庭开放而对外封闭的是前厅，两侧四面围合绝对私密的空间是男女更衣室，几乎没有围合突然变得非常开放的则是出口。中心庭院在两侧围合下形成了明显从门厅到出口的走道空间。

a）

1—出口
2—更衣室
3—前厅

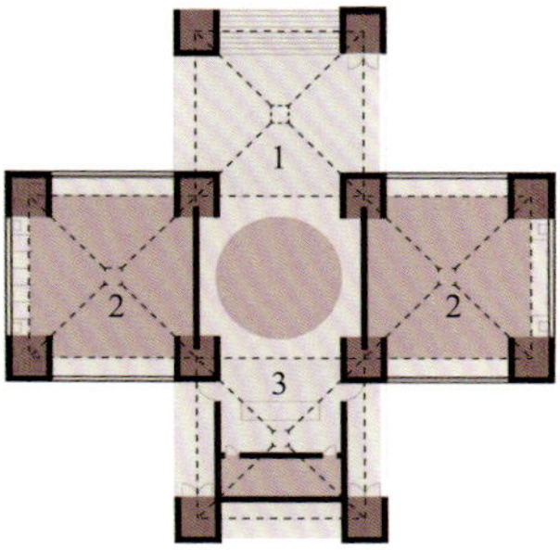

b）

图2-15 屈灵顿游泳池更衣室，路易斯·康
a）效果图 b）平面图

用不同的元素去界定空间也会对空间状态产生不同影响，屈灵顿游泳池更衣室中用线界定空间，伊东丰雄设计的**仙台媒体中心（图2-16）**则用点，用一个个异形柱来界定周围的空间，因此界定出的空间更加通透开放。**空间的不同界定方式决定了空间的围合度，进而改变了空间的私密属性，影响功能的布置。**

a）

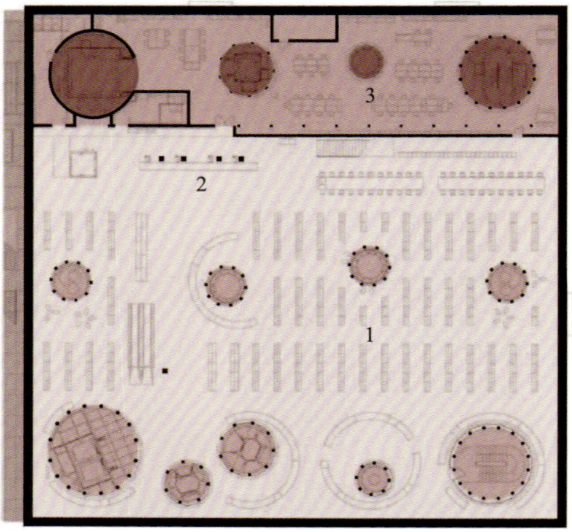

b）

1—图书馆
2—柜台
3—办公室

图2-16 仙台媒体中心，伊东丰雄
a）效果图 b）平面图

五、方正性

图形**方正性（图2-17）**影响**平面家具布置的难易程度**及**空间使用的灵活度，从而影响功能选择**。例如，方形的方正性高，其平面易布置，常用来放置办公室、教室等对布置家具有相对标准化要求的常规功能；三角形包含多个锐角，方正性低，空间很难布置常规的家具，平面使用的灵活度受限，则常用来放置服务功能或公共功能。有时由于场地或创意原因，建筑平面的轮廓是一个方正性低的图形，这时就要通过理性的空间划分减少难以使用的空间，并在方正性较低的空间中放置合适的功能。

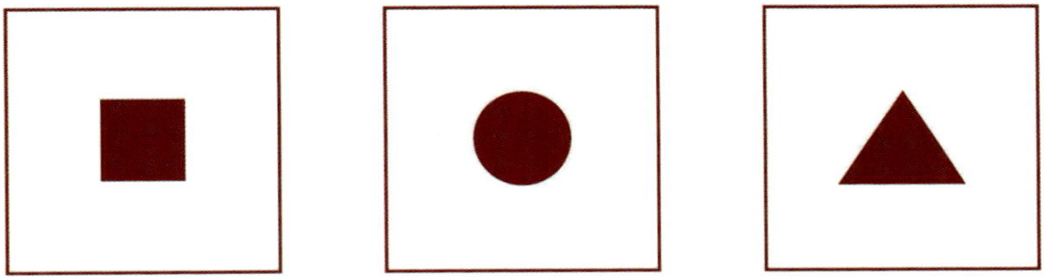

图2-17 方正性

图形的方正性还会影响其和其他图形的**“可组合性”（图2-18），即与其他图形嵌套组合后，它们之间剩余的部分的“可用程度”**。方正性强的图形两两组合，剩余部分可用程度就更高。例如，在方形空间中嵌套方形，即大方形被小方形切割后，剩余的空间很好用；而如果方形空间中嵌套的是三角形，剩余的空间很难进一步划分为好用的空间。然而，如果将三角形与一个类三角形组合，它剩余的空间也可以被很好利用。**因此对于缺乏方正性的图形，应该尽量选择与相似的图形进行组合，以提高空间利用率。**

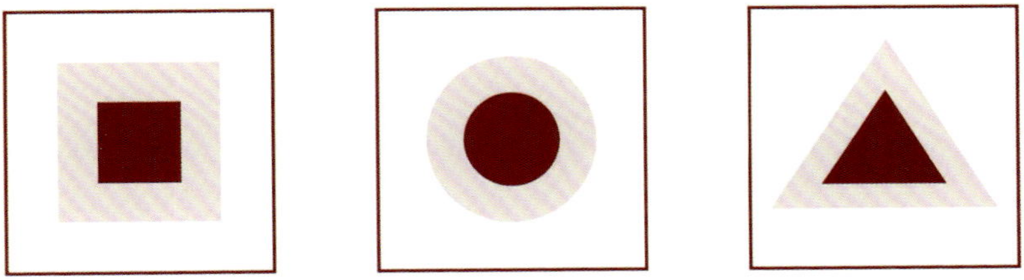

图2-18 可组合性

诺曼·福斯特设计的**法兰克福商业银行大厦（图2-19）**以三角形作为平面整体轮廓，展现出银行总部在城市中的“独特性”。平面内部通过嵌套较小尺寸的三角形中庭，分割出了方正性强、尺度合宜的矩形空间，端部的锐角空间则通过布置电梯、楼梯等辅助空间进行了消化。最终设计实现了造型独特性与平面实用性的平衡。

a）

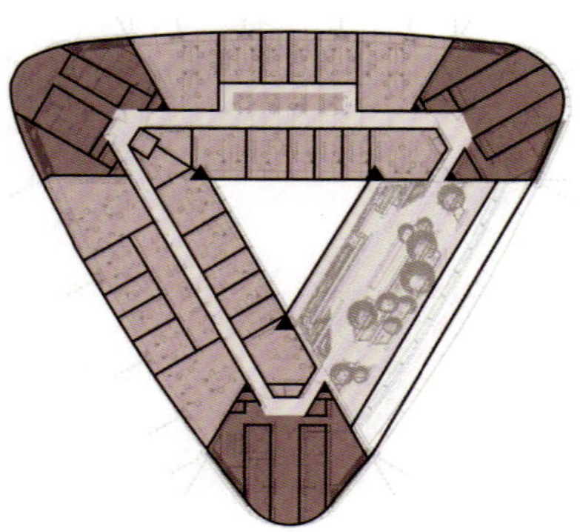

b）

图2-19 法兰克福商业银行大厦，诺曼·福斯特
a）效果图 b）平面图

图2-20 厦门欣贺设计研发中心，MAD
a）效果图 b）平面图

a）

1—办公区
2—休息区

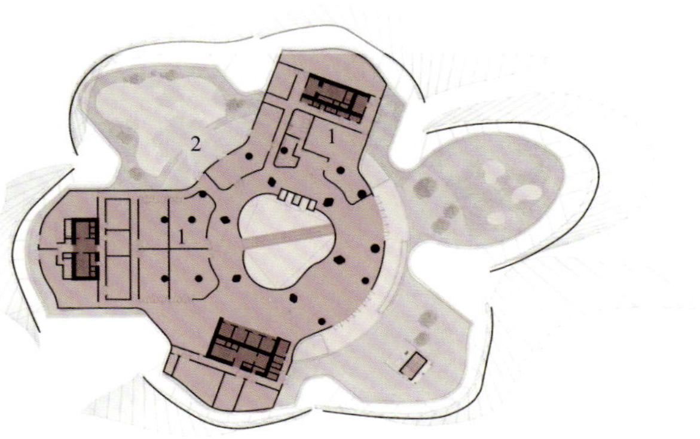

b）

一些看似疯狂的建筑造型之下也是方正性很强的空间，出自MAD之手的厦门**欣贺设计研发中心（图2-20）**，多变的曲线造型之下，内部的使用空间实际却非常合理。围绕中心圆发散布置矩形空间放置常规的功能空间，如办公室，矩形空间之间的三角区域布置公共空间，如休息区。**看似疯狂的建筑经过压缩简化，我们就可以在图形中看懂它实则理性富有逻辑的组织关系。**

正如前文提到的**法兰克福商业银行大厦**（**图2-19**），通过两个三角形的嵌套组合，保证了高层建筑的平面利用率。类似地，**广州西塔**（**图2-21**）也采用了这样的三角嵌套的平面构成逻辑。利用三角形核心筒对平面进行了分割，同时在端部设置特殊办公空间使锐角图形的使用合理化。

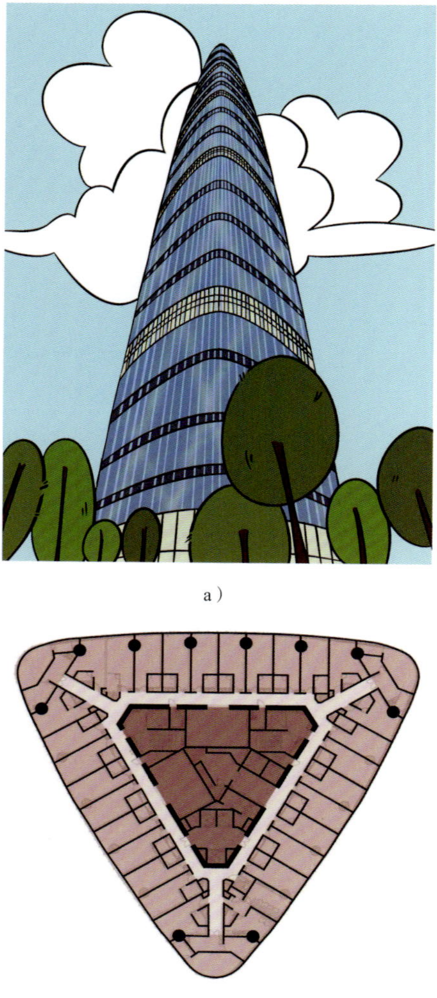

a）

b）

图2-21 广州西塔，威尔森·艾尔建筑设计事务所
a）效果图 b）平面图

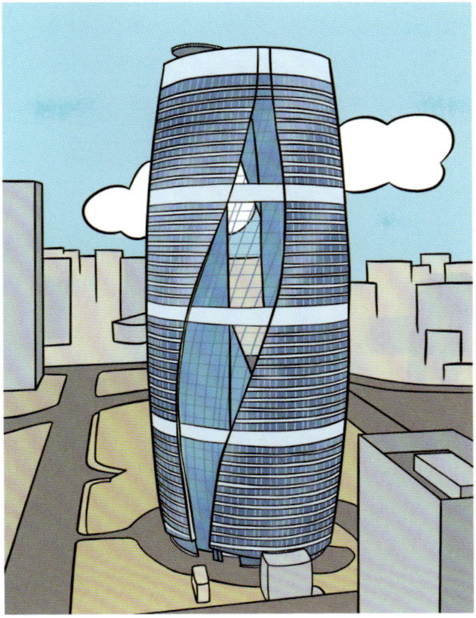

a）

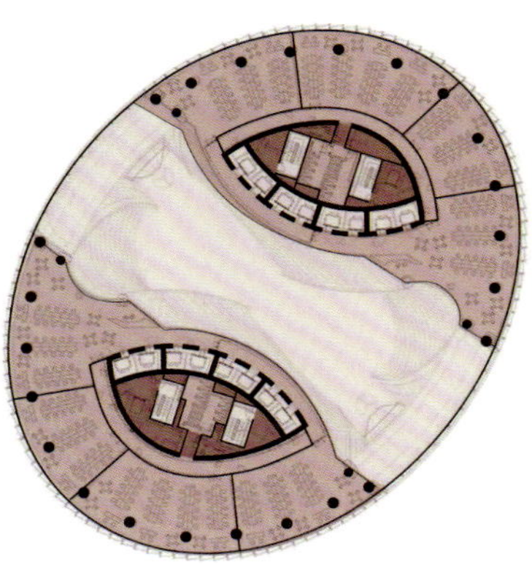

b）

图2-22　丽泽SOHO，扎哈·哈迪德
a）效果图　b）平面图

扎哈·哈迪德设计的**丽泽SOHO（图2-22）**则采用了圆形嵌套，建筑平面由两个半圆形构成，因此对应内部的核心筒也采用了近似的形状。其背后的原理就是**通过相似图形的嵌套，来提高剩余空间“可用程度”**。

建筑师通常会在图纸中审慎地处理图形的组合，创造出好用的图形，这也是我们在设计中应该贯彻落实的。但并非所有的设计都仅追求常规“好用”的空间，**如果想创造出特殊的空间，通常指公共空间或者所谓的精神空间，有时也需要通过置入特殊形状的方式来表达特殊性**，如直向建筑所设计的**长江美术馆（图2-23）**，为了创造对整体空间体验至关重要的“光塔”空间，设计师选择将圆形的空间嵌套在方形空间内，剩余的空间则通过交通及辅助空间填满，消化因特殊形体带来的方正性不佳的剩余部分。

a）

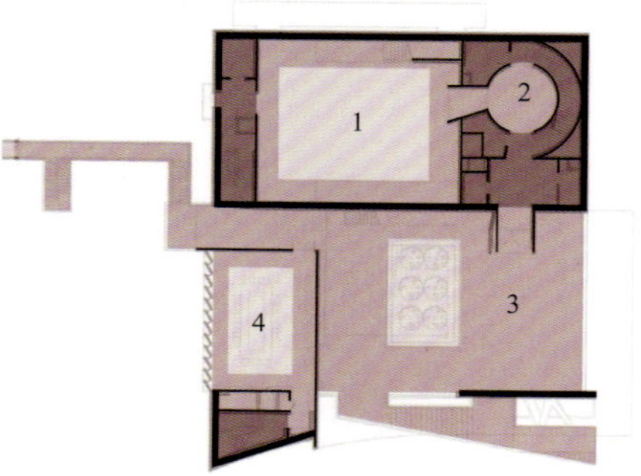

b）

1—展厅
2—光筒空间
3—室外平台
4—会议室

图2-23 长江美术馆，直向建筑
a）效果图 b）平面图

图2-24 麻省理工学院学生宿舍，斯蒂芬·霍尔
a）效果图 b）剖面图

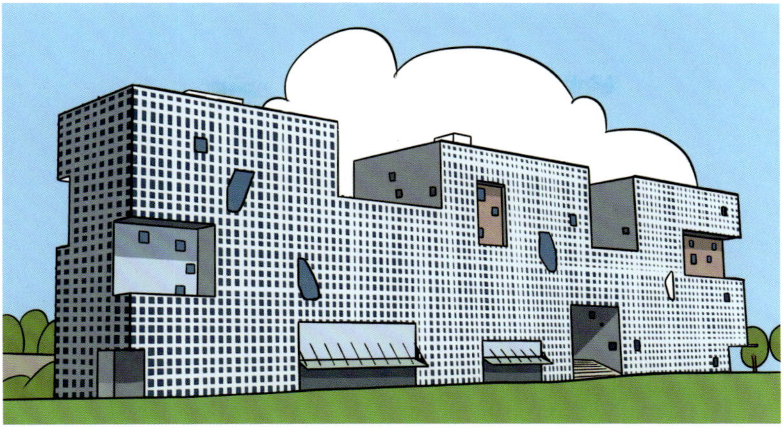

a）

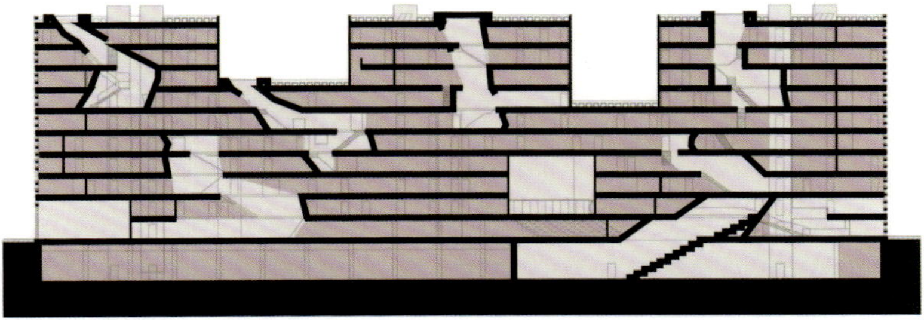

b）

剖面中，类似的几何关系仍然存在，如斯蒂芬·霍尔设计的**麻省理工学院学生宿舍（图2-24）**，它的建筑概念为多孔渗透的海绵，以此实现宿舍层间交流，剖面中许多不规则的图形即为公共交流空间，其余部分则为标准化的宿舍单元。仅从剖面中显示的不同图形的方正性，我们已能区分出公共活动区域和宿舍私密区域。

上述5个维度，是几何图形的“关键空间描述参数”，建筑师可以通过它们**建立“几何”与“功能”的连接**，加上**“几何”本身就是一种形式的描述**方法，因此利用这些参数，设计师不仅能以全新的专业视角重新解读所有几何图形，更是得以在设计中**用“几何”为平台来思考“形式”与“功能”的协调**。

第2节 基本几何图形空间性质分析

亚历山大J. 哈恩在其所著《建筑中的数学之旅》中提到：“方形、圆形、三角形是人类感知的**‘基本形状’**。”这些形状不仅是我们生活中无处不在的视觉元素，也是建筑设计中最基础、最常用的几何图形（图2-25）。它们各自拥有独特的几何特性和空间逻辑，这些特性将对方案的形式与功能产生决定性的影响。在这一节中，我们将以这些基本形状作为研究对象，探讨如何应用先前提到的“几何空间的描述参数”进行深入的图形分析。

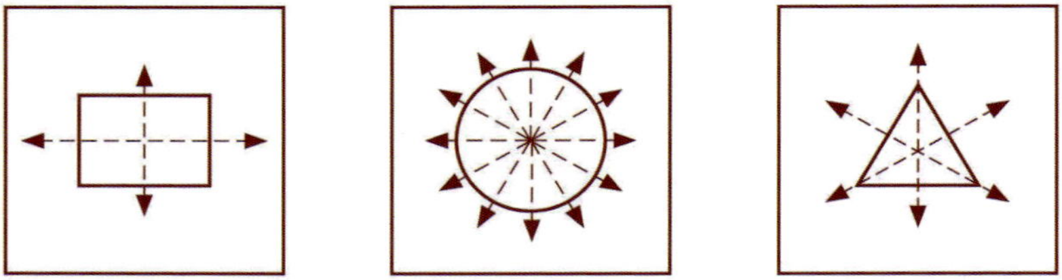

图2-25 基本形

一、方形

方形（图2-26）是最常见的图形，除正方形外，具有长短轴，方正性最佳，非常容易与自身或其他图形结合，是空间利用效率最高的图形之一。其中**正方形**作为一种特殊的方形，以其四边等长、四角等角的特性，**代表了完美的对称和平衡**。而一般的方形，虽然边长不等，但通过长短轴的差异，**提供了更丰富的空间布局可能性**。

方形的**组合灵活性和空间效率**，使其在建筑设计中有着广泛的应用。无论是单一的方形空间，还是多个方形空间的组合，都能创造出既实用又美观的建筑形态。

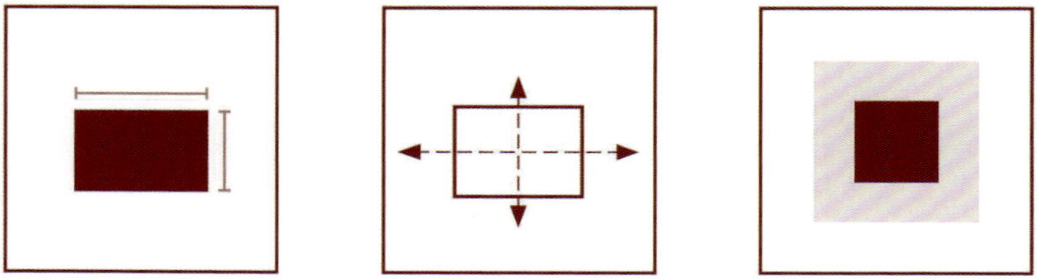

图2-26 方形

彼得·卒姆托设计的**瓦尔斯温泉浴场（图2-27）**是典型的利用方形组织形体的案例。其整体策略是在整体完形的长方形之内，用小尺度的方形细分内部的空间。由于方形的方正性极佳，因而本身内部相对容易做出“好用的”功能组织同时，**方形空间整体还可以用来切分外部空间**。如中央的四个小方形定义出核心室内公共泳池空间，同时定义出了4个进入公共泳池的入口。无须单片墙体，这些空间被自然区分出来。**通过组织不同形状与位置的方形，就能创造出丰富的空间效果，同时保持空间的极高利用率。**

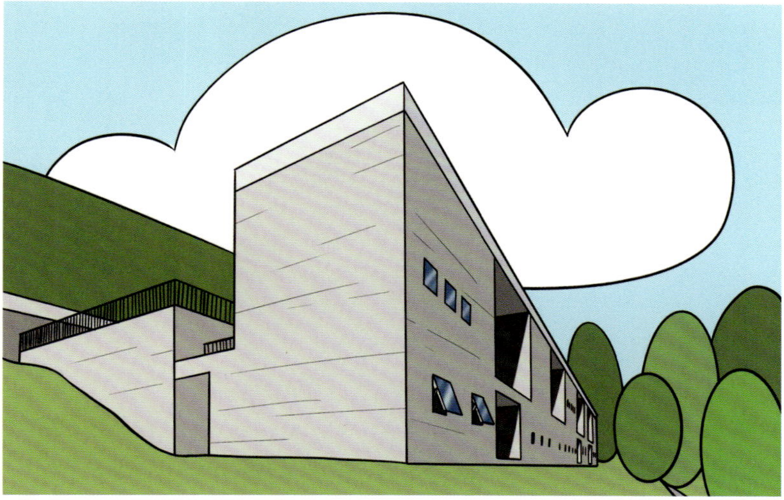

a）

1—室内浴场
2—露天浴场

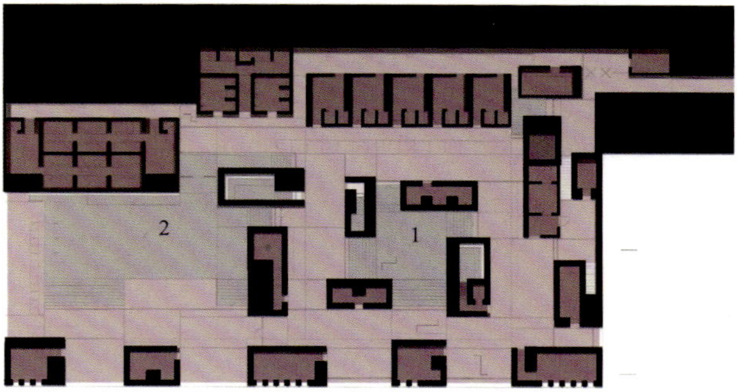

b）

图2-27 瓦尔斯温泉浴场，彼得·卒姆托
a）效果图 b）平面图

方形“方正性极佳”的优势也同样体现在剖面中，MVRDV设计的**双宅（图2-28）**，用基本的方形元素组织完成这户特殊房子的要求。建筑师用“折墙”的手法从一栋房子中分隔出两户陌生人家庭，同时也满足了一户家庭对较低矮空间和功能性的要求，和另一户家庭对通高空间的要求。这个方案本质上也是一种大小方形的嵌套。由于方形与方形嵌套后剩余的空间也是好用的方形，只要合理组织平面与剖面上的方形关系，我们可以简洁而灵活地划分出各个不同功能的空间，从而满足特定的建筑功能。

a）

1—客厅
2—餐厅
3—厨房
4—卧室
5—卫生间
6—书房

b）

图2-28 双宅，MVRDV
a）效果图 b）剖面图

图2-29 巴黎『推板』大楼，MVRDV

a）效果图 b）平面图

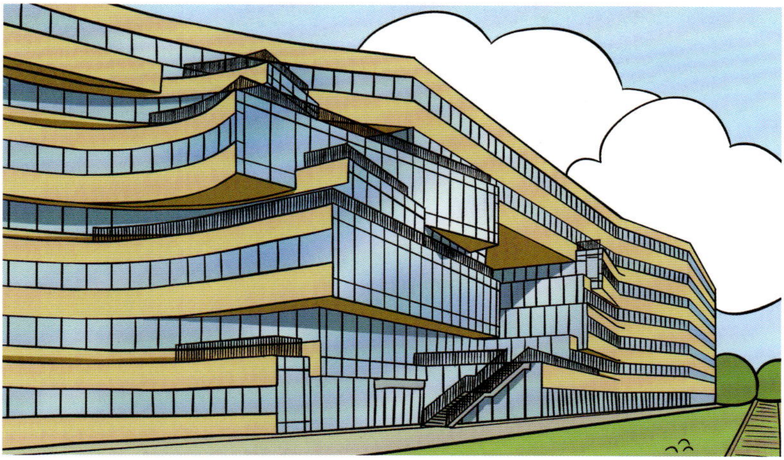

a）

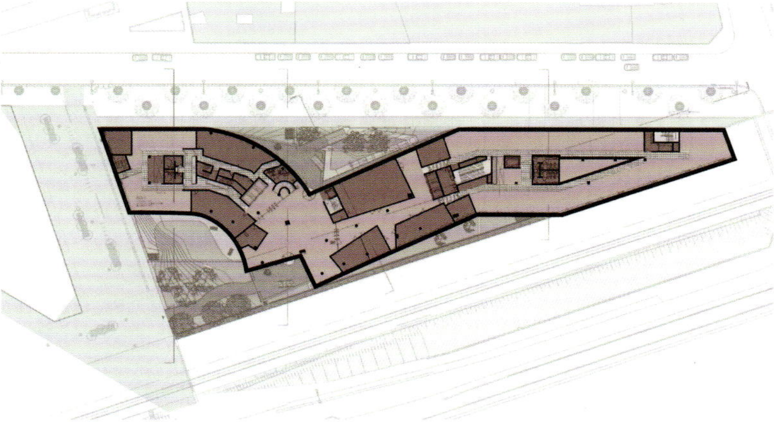

b）

上述两个案例都充分表明了方形的普适性，但在方形的使用过程中仍然要**注意避免比例失调的问题**。同样出自MVRDV之手的**巴黎“推板”大楼（图2-29）**为避免整体建筑过长，将建筑拦腰“掰开”，断裂处被巧妙设计成了公共空间。**在很多以长方形为基础形的建筑案例中，都采取了“打断”的手法解决长边过长、造型单调的问题。**而在断裂处，通常通过布置公共空间来缝合。

二、圆形

圆形（图2-30）的特点是**无方向性**，表达平等，强调开放与公共性。同时圆形**方正性不佳**，常常作为主角特色公共空间出现，与自身以外的其他图形组合嵌套时剩下的空间通常不适合放置标准化的空间。

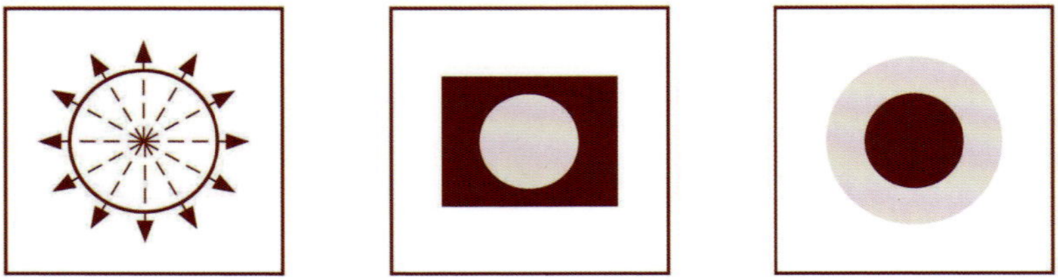

图2-30 圆形

亨宁·拉森建筑事务所设计的**中国香港科技大学逸夫礼堂（图2-31）**就利用了圆形的无方向性。该建筑强调自身没有正面或背面，并面向所有的方向开放的特性，设计不仅选用圆形为平面基本形，并且均匀地在不同方向上设置入口来强化建筑的公共性与开放性。

a）

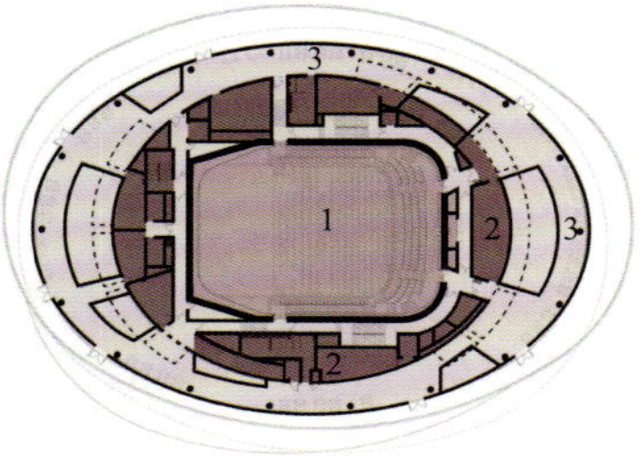

1—多功能礼堂
2—配套用房
3—公共区

b）

图2-31 中国香港科技大学逸夫礼堂，亨宁·拉森建筑事务所
a）效果图 b）平面图

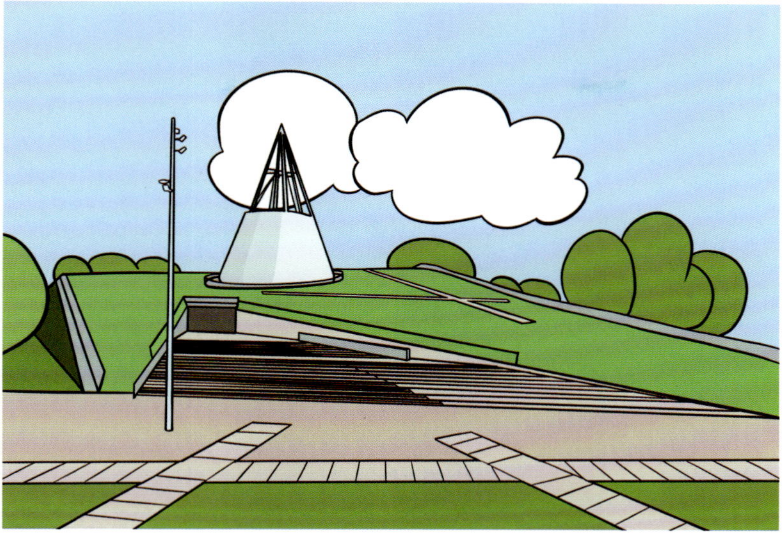

a）

1—开放学习区
2—辅助配套
3—室外台阶

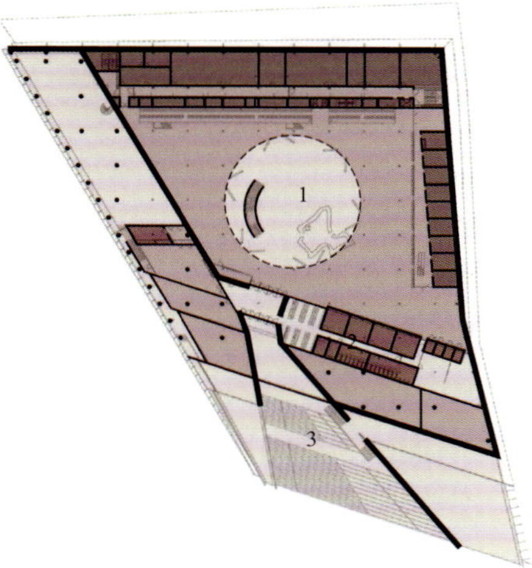

b）

图2-32 代尔夫特理工大学图书馆，Mecanoo建筑事务所
a）效果图 b）平面图

应对圆形方正性不佳的解法一般有两种，其一是**利用周边空间来弥补消化**，如**代尔夫特理工大学图书馆（图2-32）**的中部有一个巨大的圆锥体量刺入建筑中，从平面可以看出，圆锥体量周围通过布置弹性的开放学习区域来应对圆形方向性不佳的影响。

其二则是**利用相似图形的嵌套**，来组合出利用率更高的“剩余空间”，如位于芝加哥的**“玉米楼”（图2-33）**，圆形塔楼体量的内部放置了圆形核心筒，而标准化的居住空间得以环绕核心筒均匀布置。

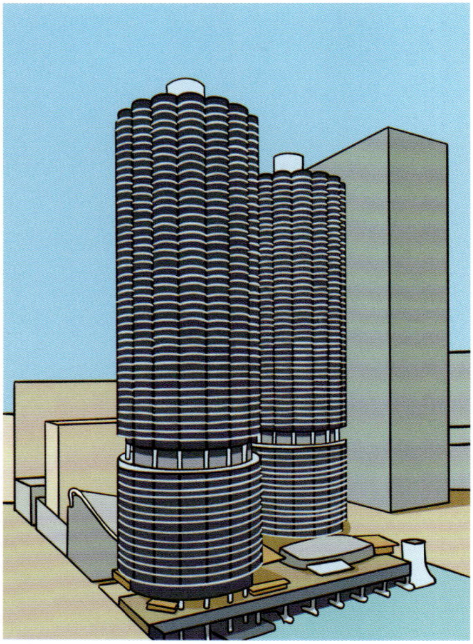

a）

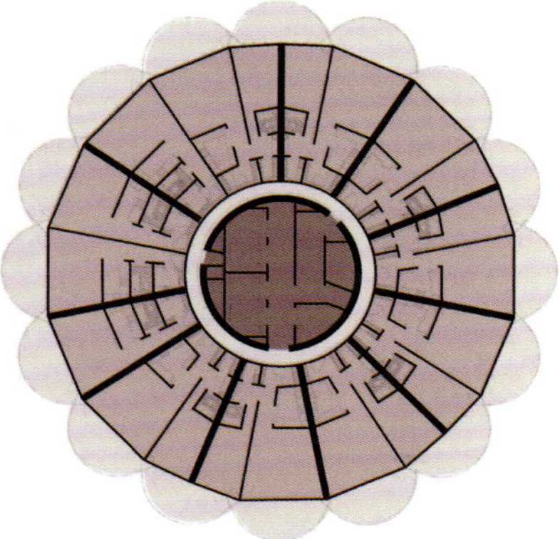

b）

图2-33 芝加哥『玉米楼』，贝特朗·戈德堡
a）效果图 b）平面图

三、三角形

三角形（图2-34）的轴线指向6个方向，不论是角部或者边上都可以设置主入口。三角形最大的特点和处理难点都在于其锐角部分，锐角的存在既可以给建筑空间带来特色与动感，同时也为空间布置带来了麻烦，如何**处理角部的“方正性不佳”永远是三角形的最大命题**。

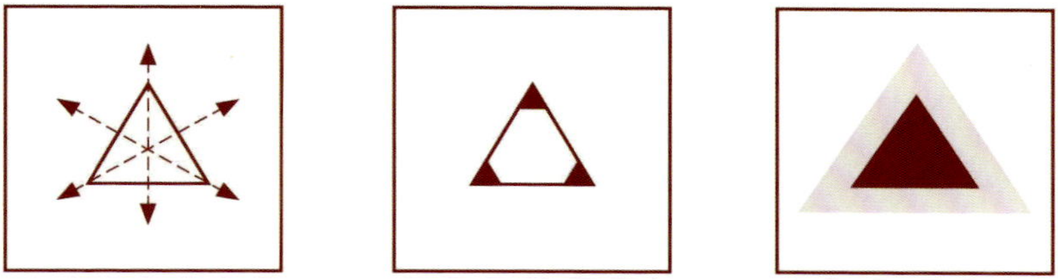

图2-34 三角形

贝聿铭老师是运用三角形的高手，其方案常常出现三角形的平面，通过这些平面我们可以看到如何从三角形中尽可能多地划分组织出“好用的、方正性强的方形”。以**中国香港中国银行大厦（图2-35a）**其中一层平面为例，细看可以发现平面的底层逻辑是两个三角形的嵌套，外部三角形的角部通过布置异形会议室来填补，内部三角形内部作为核心筒，角部则直接融入交通空间。如此，内外三角之间的规整部分就能整齐地划分出标准化的方形做办公空间。同样的，**印第安纳大学艺术学院与博物馆（图2-35b）**的平面中两个三角形的角部，都用楼梯间、茶水间等辅助功能，或特殊会议室、展厅等公共性更强的功能来填补。不同的实例中采用了不同的切割方法，但总体的原则保持不变：**在方正性低的区域安置公共性强或者次要的辅助空间，剩余的规整空间则留给常规的、功能性较强的空间。**

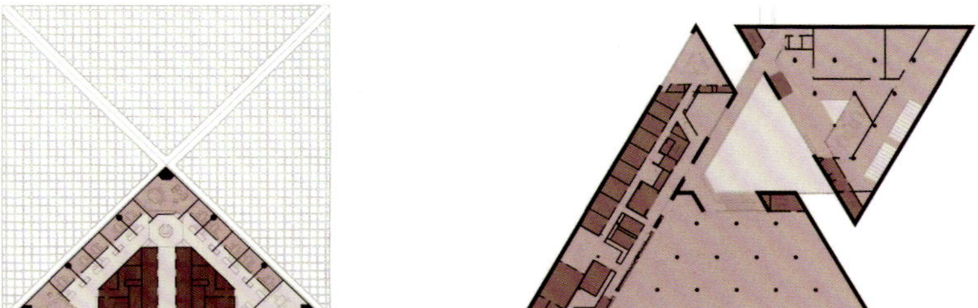

a）　　b）

图2-35 贝聿铭的三角形建筑

a）中国香港中国银行大厦　b）印第安纳大学艺术学院与博物馆

如果三角形构图的建筑想从一开始就避免三角形的空间不方正问题，**用方形来拟合三角形**也是一种常用的选择。如位于中国美术学院的**中国国际设计博物馆（图2-36）**平面直接用若干组方形长条来拟合三角形的构图，余下的端部则融合进室外空间，在贴合场地边界的基础上，既得到了充满张力的建筑体量，同时也避免了创造相对空间利用率更低的异形的三角空间。

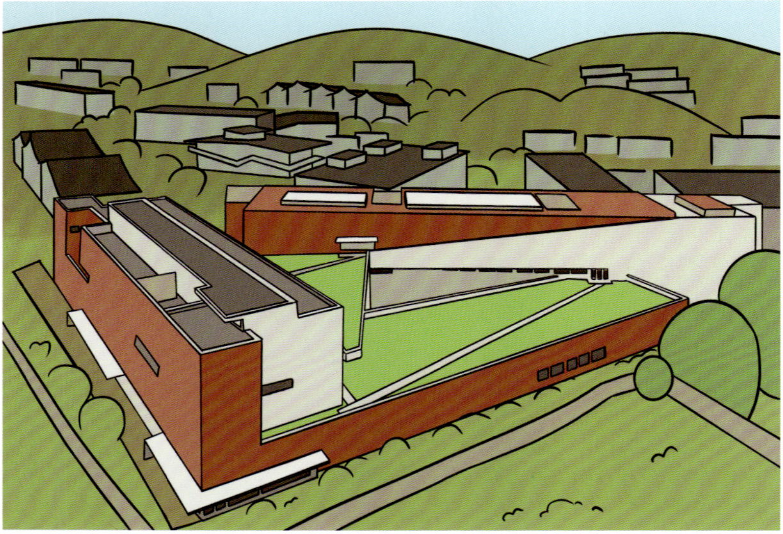

a）

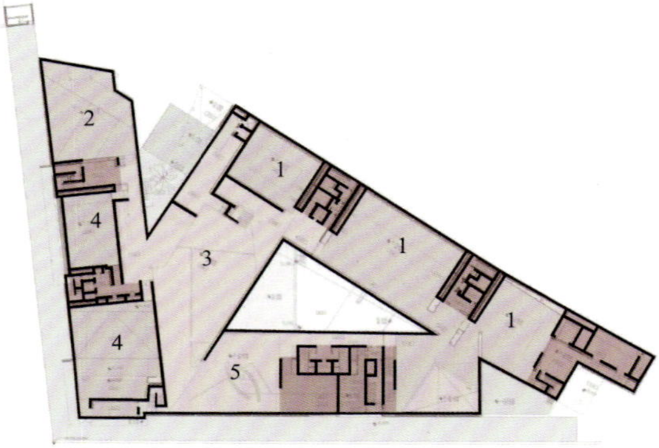

1—展厅
2—临时展厅
3—过厅
4—报告厅
5—商店

b）

图2-36　中国国际设计博物馆，西扎+卡洛斯
a）效果图　b）平面图（未完成）

图2-37　奥胡斯住宅综合体，BIG建筑事务所
a）效果图　b）立面图

a）

1—露台
2—住宅
3—商业

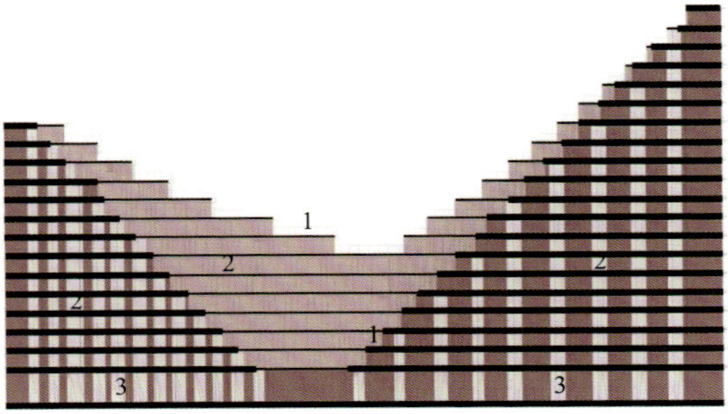

b）

采用此种策略的案例还有BIG建筑事务所设计的**奥胡斯住宅综合体（图2-37）**，它的建筑造型仿佛两座拉起的山脉，立面上为两个直角三角形，三角形的斜边成为建筑里面主要特点。设计师选择直接用层层退台的方形来拟合整体的三角形关系，在实现理想设计造型的同时，巧妙地避免了斜向的建筑立面对建筑造价及使用的影响。

无论是切割还是拟合，总体空间设计策略都是**在各个维度上用方正性更好的图形对三角形进行内部重组。**在保证三角形造型张力的同时，又避免三角形角部空间不方正带来的功能布置问题。

类似的，需要在剖面的维度上解决三角形方正性不佳的问题的案例还有**新加坡金沙酒店（图2-38）**，酒店由3座三角形体量的塔楼组成，从单个塔楼的剖面图可以看出，其空间组织的逻辑是两个三角形的嵌套。一个三角中庭被嵌入塔楼体量，剩余的塔楼空间因此被很好地切分成了标准的酒店房间单元，避免了某些房间进深过大的问题。三座塔楼的中庭联通后，为酒店的协同运作提供了极大便利，也有利于商业区在酒店中的发展。漫步在中庭之中，头顶的墙壁向上收缩，宛若置身于尖顶的教堂。通过合理的空间设计与组织，达到了“形式”与“功能”的完美统一。

三个基本形各有特性，在不同建筑中扮演着不同的角色。无论建筑形式如何变化，从剖切的二维视角来解读，其本质仍然是最普通的几何图形的巧妙组合。学会了运用5个“关键空间描述参数”分析基础的几何图形，就可以解读更复杂的图形组合，从“几何”中理解“形式”与“功能”的连接。

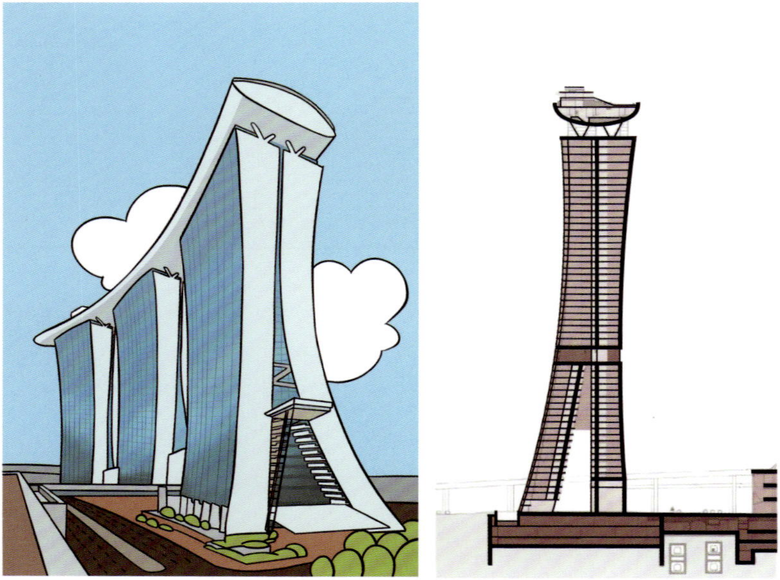

a） b）

图2-38 新加坡金沙酒店，摩西·萨夫迪
a）效果图 b）剖面图

第3节　衍生几何图形空间性质分析

基本几何图形方形、圆形、三角形都属于**凸形**，它们的形体没有凹陷部分，与场地的互动较为“生硬”。因此独立的基本几何图形通常强调内部空间，不产生空间围合。回字形、U字形等由基础几何图形组合而成的**衍生几何图形（图2-39）**却“凹凸有致”，因此能与场地产生更多有趣的互动。通过理解这些图形本身与背景的**“图底关系”**可以更好地理解它们对空间的界定与围合，从而进一步地开发复杂图形的“几何潜能”，理解图形中明示的“形式关系”与暗藏的“功能关系”。

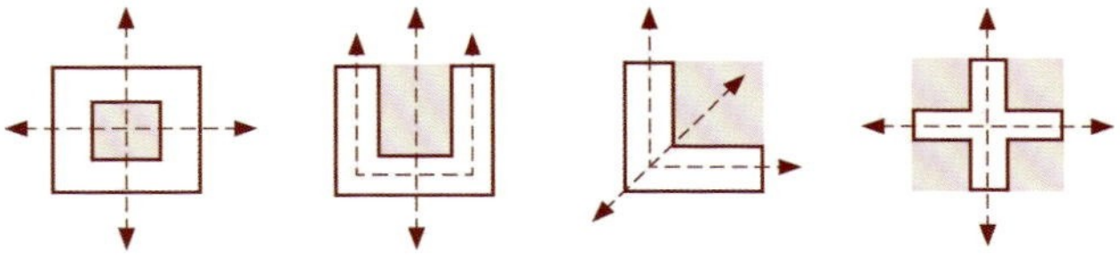

图2-39　衍生几何图形

由于衍生几何图形可以被解构成基本几何图形，基本几何图形在设计中既可以作为一个独立的整体，也可以作为图形的一部分在二维图纸上出现，但衍生几何图形更多的时候都是作为独立的整体出现的。我们在分析衍生几何图形时，会更关注图形的围合度与朝向这些整体性质。本节将结合实际案例带大家分析经典衍生几何图形：回字形、U字形、L字形、十字形。重点理解图形围合与“功能组织”的潜在关系。

一、回字形

回字形（图2-40）最大的特点是围合度高，与外部的**能量交换少**，形成一个内向的中心，有**中心辐射四周**的特点。所以中心常常布置能联系四周的功能，如核心筒，庭院等。提及回字形，我们往往最先想到的是传统四合院，但事实上在许多现代建筑中，回字形的几何潜能也得到了充分的利用。

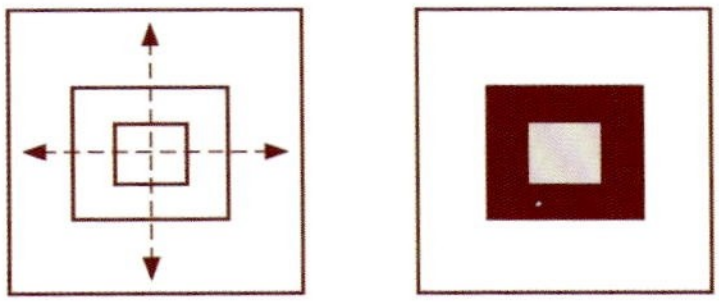

图2-40　回字形

出自OMA之手的**卡迪威百货商场改造项目（图2-41）**中，十字形交通空间划分出四个区域解决了建筑整体进深过大的尺度问题。之后设计师分别将四个风格各异的楼梯置入每个空间的中心，标志着四个区域不同的商业品质：经典的、实验性的、年轻的和大众的。从平面图中可以看出，这四个区域的本质就是：以核心交通空间为中心的四个**回字形空间**。形状各异的楼梯不仅服务于周边的空间，还定义了四个区域的不同个性。**回字形的本质就是一个中心与四周交换能量（人流、视线等）的空间，不管中心是庭院还是楼梯。**

a）

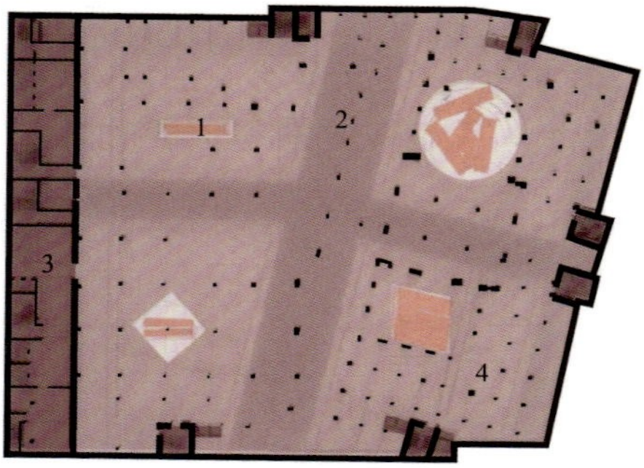

b）

1—主题中庭
2—连接走道
3—后勤办公
4—商业

图2-41 卡迪威百货商场改造项目，OMA
a）效果图 b）平面图

图2-42 拜内克古籍善本图书馆，SOM
a）效果图 b）平面图

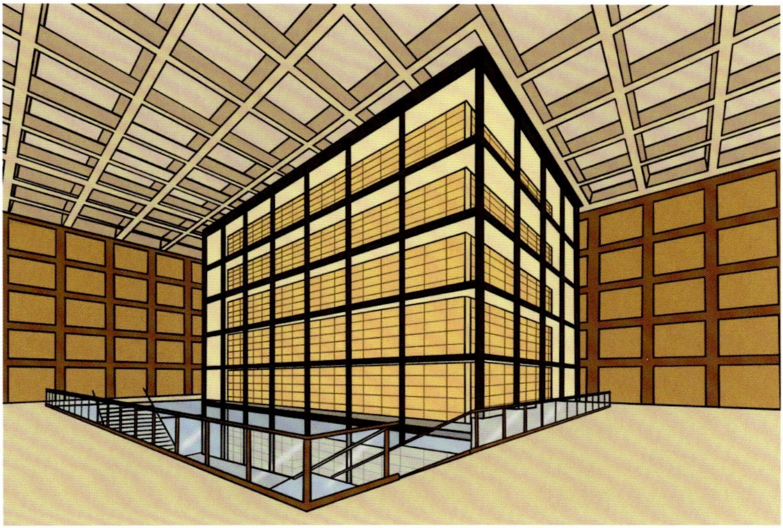

a）

1—阅读区
2—书库

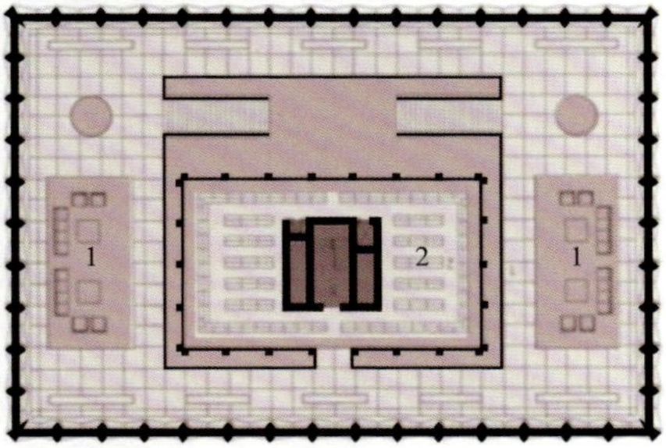

b）

回字形空间中的核心空间不仅形式不限，且可“虚”可“实”。受到传统四合院的影响，人们对回字形空间的第一印象就是有个像中庭一样“空”的部分，但实际上中心也可以是“实”的。如SOM 设计的**拜内克古籍善本图书馆（图2-42）**，正中央一座六层玻璃封闭的书柜塔是建筑的核心空间，周围则被开敞的阅读区包围，使用者都需要从中央书塔取书。从图书馆的平面可以看出**图形形状逻辑与空间虚实并无绝对联系，即使中心是实体，周围被虚体包围，本质也是一种回字形空间**。

二、U字形

相较于完全封闭的回字形，**U字形（图2-43）**朝其中一个方向打开，成为**单向开放、三向连续**的图形。缺口的存在使得**主朝向明显，整体兼具空间围合能力和空间连续性。**

采用U字形布局的建筑功能布置会受到缺口方向的影响，内部空间的自然采光和通风比回字形更具有优势。图形半开放的特性使得建筑在维持私密性的同时，也能够与外部环境进行有效的互动。

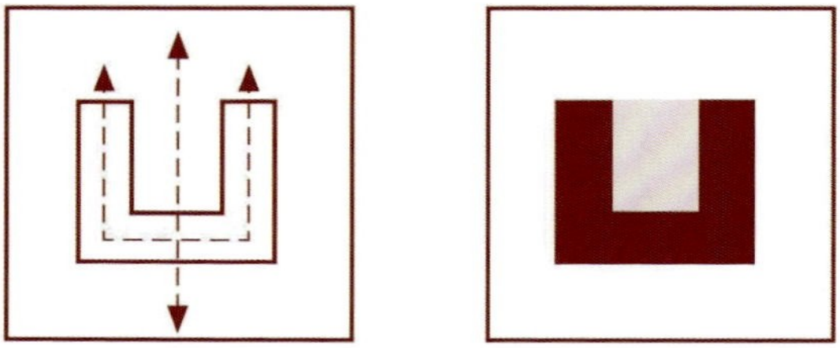

图2-43 U字形

王澍设计的**三合宅**（图2-44）是典型的U字形布局，三面围合、一面开敞的对称图形使得入口空间明确，三条边围合出庭院中的水池，面向缺口的一面布置公共连廊，U字形两翼则布置更私密的功能。U字形布局的缺口使得整体建筑与场地良好互动，同时又保证了住宅内部空间的连续性，令设计更加丰富的同时保证了使用者生活的便利，形式与功能匹配。

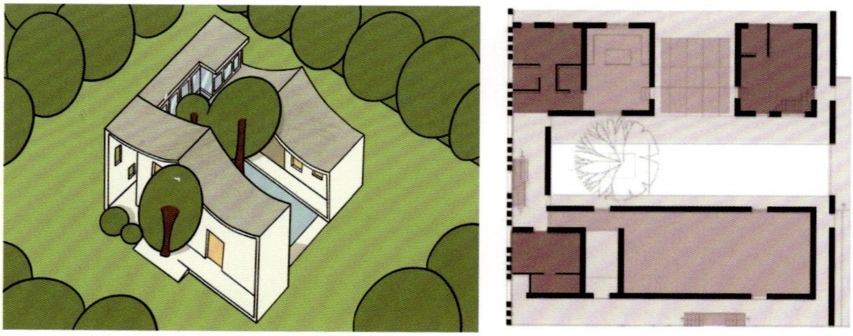

a） b）

图2-44 三合宅，王澍
a）效果图 b）平面图

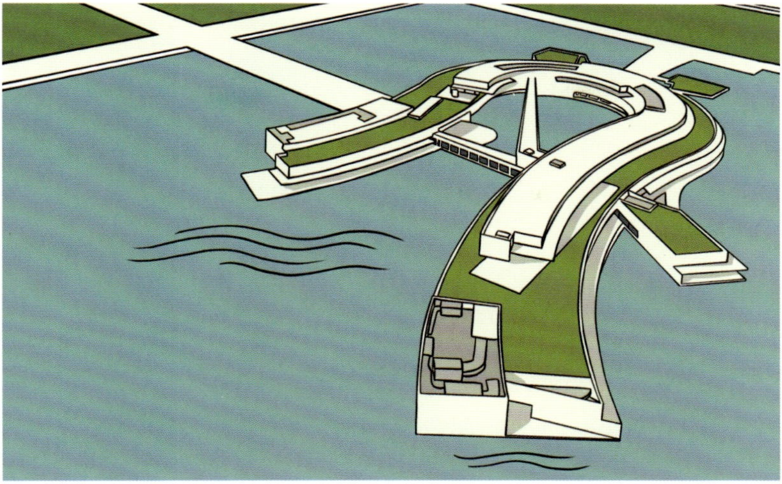

a）

1—公共空间
2—办公
3—餐厅

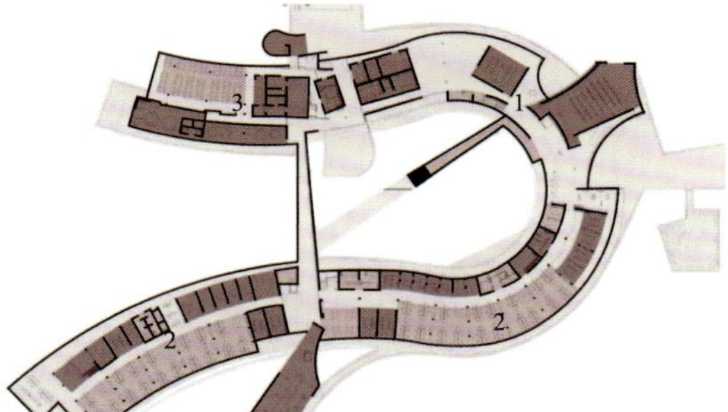

b）

图2-45 实联化工水上办公楼，西扎
a）效果图 b）平面图

U 字形并不一定是折线形成的，当它变成曲线时，其基本性质仍然存在。西扎设计的**实联化工水上办公楼（图2-45）**将长条形的办公空间弯折围合出内部空间，相较于简单的方形，这种形式既保证了方形原有的高效和连续形态，又与环境发生更多的互动。如果单纯从功能的角度思考办公建筑，我们也许只关注到办公楼最好能够有连续的形态而选择折线U字形，而忽略了更多样的形式可能性。当我们从几何的角度重新审视这个问题，**分析图形本质，开发图形几何潜能，就可以在满足功能要求的时候创造更多样的形式，在几何中协调形式与功能。**

三、L字形

若围合度进一步降低，从 U 字形的三面围合到**两面围合**，就形成了 **L 字形（图2-46）**。它**单向对称、开放度更高、同时也保持了剩余两个方向的连续，**形体向两边延伸，**造型动势更明显**。

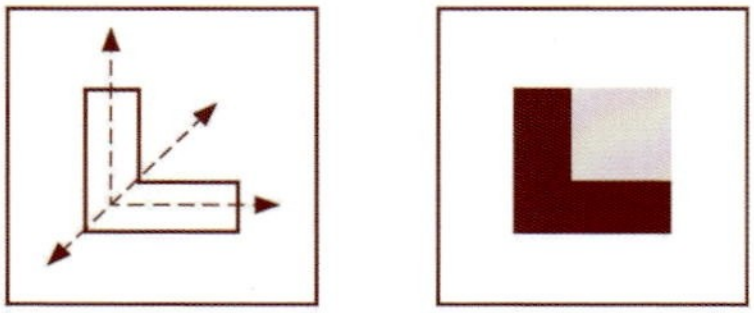

图2-46　L字形

当L字形图形**两翼对称**时，**更强调的是图形对称性，被两翼围合的区域是设计焦点**。Nandu 建筑事务所设计的**阿巴撒酒店**（**Hotel Avasa**）（**图2-47**）的塔楼在形式上是两翼对称的L字形，建筑主朝向明显，即L字形开口方向。同时在功能的组织逻辑上匹配且强化了这种对称性，酒店在两翼对称部分布置同类的客房功能；在两翼围合出的中心开放空间中则是布置休闲咖啡区等公共功能，成为设计中的视觉中心和公共核心。设计整体形式与功能逻辑匹配，和谐统一。

当L字形图形**两翼不对称**时，**更强调的是图形的连续性，图形动势强，两翼的张力会得到体现**。

a）

图2-47　阿巴撒酒店（Hotel Avasa），Nandu 建筑事务所

a）效果图

1—客房
2—公共
3—核心筒

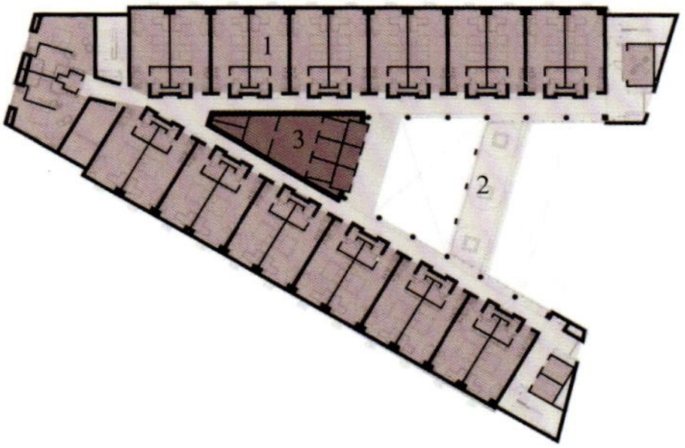

b）

图2-47　阿巴撒酒店（Hotel Avasa），Nandu 建筑事务所（续）
b）平面图

如扎哈·哈迪德设计的**园艺展览馆（图2-48）**是莱茵河畔威尔城中的一座景观建筑，强调与场地的融合，建筑的概念取自于自然山川河流。其建筑形式选择了非对称的钝角L字形，强调**形体连续与两翼延伸**的同时增大建筑与环境的接触面。折角处的处理也选择了圆弧这种更缓和的过渡来强调建筑形体的连续性。同时设计通过屋面高低错动形成多个L字形线条来强化形体的动势，两翼逐渐缩小的形体进一步增强了延伸感，融入场地。使用者在漫步于展馆观展的同时得以与自然交互。整个设计中形式与功能匹配且呼应主设计概念。

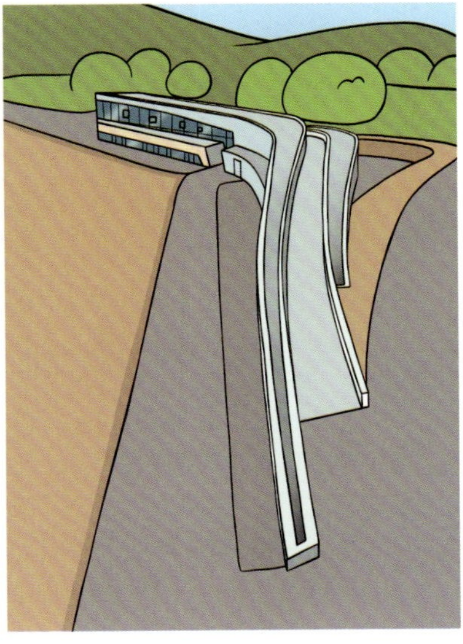

a）

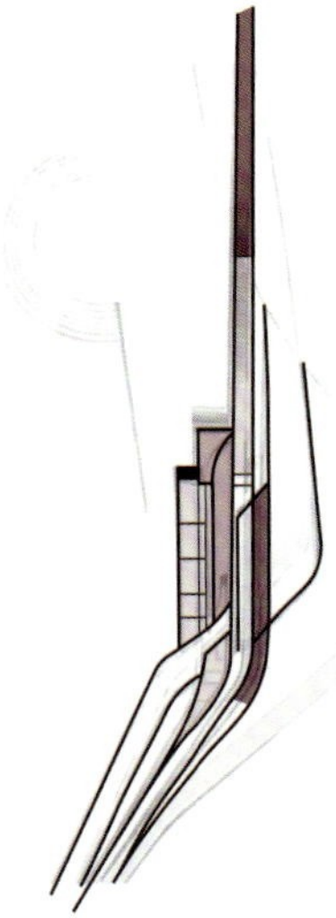

b）

图2-48　园艺展览馆，扎哈·哈迪德
a）效果图　b）平面图

同样是L字形，不同的变体所强调的空间特性却不同，其携带的“几何潜能”也因此不同。只有真正从设计师的角度重新解读图形，我们才能以几何为平台协调形式与功能的设计，并使得所有不同层级的设计操作都服从于主设计概念。

四、十字形

十字形（图2-49）有**双向对称、四角围合、中心汇聚**三个特点，可以理解为四个L字形的组合，是**以最小体积去圈定最大空间**的图形。由于它有两条轴线，其对称性在设计中不可忽略。当两条轴的性质相类似时，我们可以认为这座建筑拥有多个朝向，而如果我们通过设计特意区分两条轴线，建筑的单个方向则会被强调。正如我们前文提及的**圣彼得大教堂（图2-11）**，其平面从中心对称的“希腊十字”到轴对称的“拉丁十字”的变化，其中一个原因就是对朝拜方向的强调。

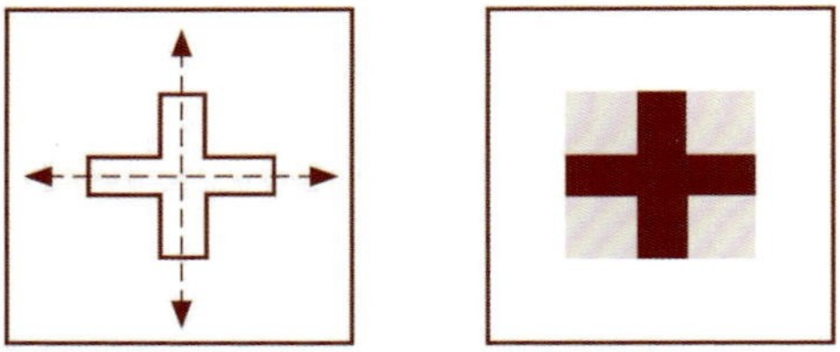

图2-49 十字形

风车形（图2-50）可以理解为十字形的一个有趣变体，它保留了十字形的核心特征，如中心汇聚和四角围合，但它形体的错动打破了原有的对称状态，图形更富有动感，也提升了设计的自由度。在《解码形式语言：图解建筑造型的秘密》中我们提到的考夫曼沙漠别墅即是典型的风车平面。通过对于基础图形的分析，**我们便能掌握“举一反三”的图形理解能力**。

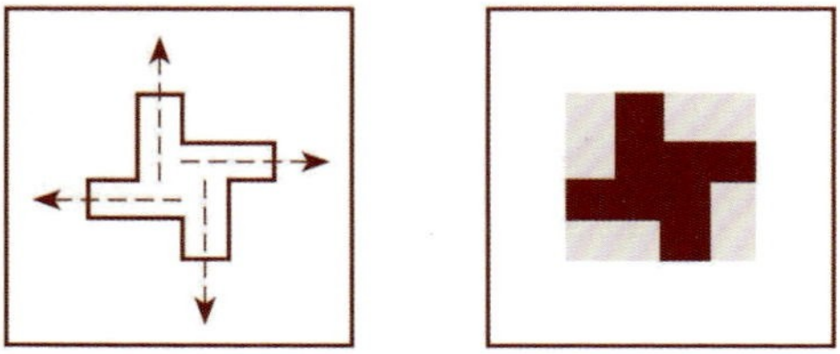

图2-50 风车形

意大利的**米兰大教堂（图2-51）**采用了单轴对称的“拉丁十字”平面，拉长的一侧使得十字形有了主导方向，即使没有标注，设计师也能通过平面读出教堂的主入口自然地落在这拥有“特殊比例”的一侧，而对称的侧翼则提供次入口。教堂立面设计上进一步强调了这种对称性，强化了十字形长轴的重要性。

a）

1—主入口
2—次入口

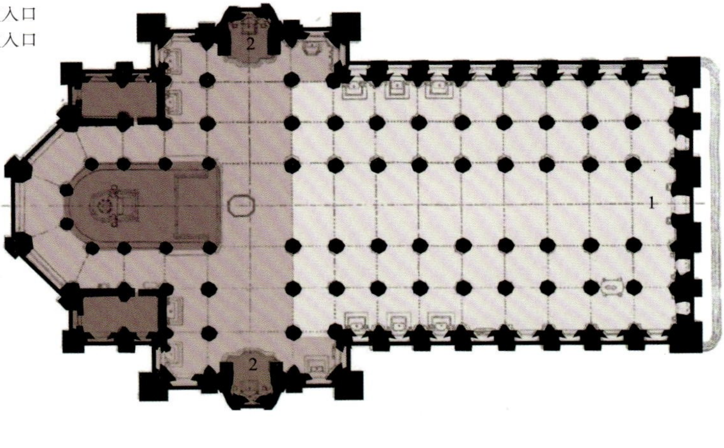

b）

图2-51　意大利米兰大教堂
a）效果图　b）平面图

a）

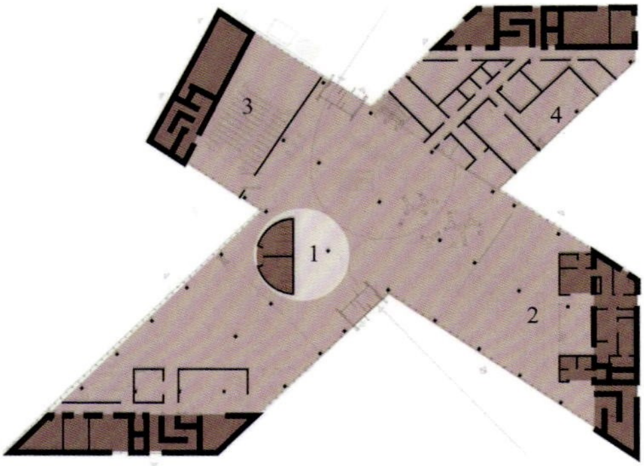

1—报亭
2—咖啡
3—礼堂
4—后勤

b）

图2-52 法国卡昂图书馆，OMA
a）效果图 b）平面图

OMA设计的**法国卡昂图书馆（图2-52）**的设计很好地运用了十字形**四向围合与中心汇聚**的特点。四翼分别放置不同学科的书目，中心则设置成大阅览室成为不同书目的交汇中心。得益于**十字形的几何特性，四个相对独立的区域既能与中心发生能量交换，又能在四角最大限度地增加建筑与场地的交流**。

海茵建筑设计的**粤港澳大湾区高性能医疗器械创新中心（图2-53）**采用了风车形平面，相较于纯十字形造型更加灵动。设计中四臂布置实验室及办公空间，中心则布置公共空间作为“能量中心”。在单层办公

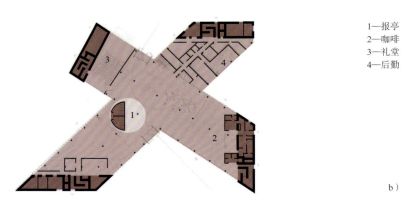

面积如此大的情况下，相较于规矩的方形，风车形有效**避免了办公空间进深过大的问题**，建筑与城市景观也可以产生更多的互动。

可见**几何**不仅仅是造型的工具，它**是空间的量化，功能和形式的连接，是维系建筑设计逻辑自洽的中轴。**只有结合对不同时代的案例分析，我们才能体会到设计中那些**“穿越时空”不变的底层规律**。然而对单个**图形空间性质的分析与解读**只是第一步，下一章讲解的**图形间的组织关系与逻辑**也是影响设计的重要因素。只有同时对上述两者理解透彻，才能最终帮助我们**使用“图形思维”推动设计**。

a）

1—入口门厅
2—展示区
3—报告厅
4—办公区

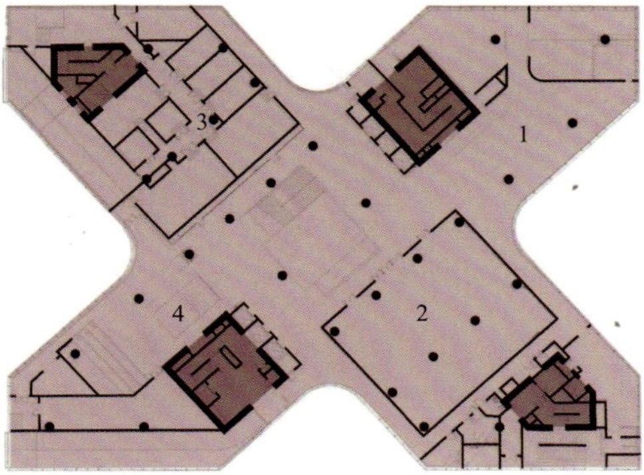

b）

图2-53 粤港澳大湾区高性能医疗器械创新中心，海茵建筑
a）效果图 b）平面图

实战巩固　弗兰克·劳埃德·赖特　团结教堂分析

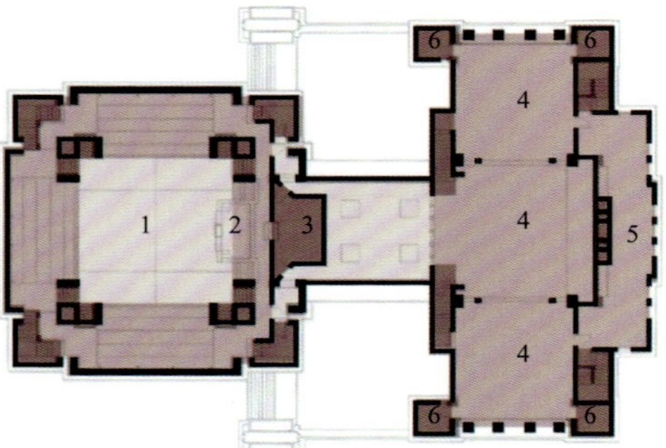

图2-54 团结教堂，弗兰克·劳埃德·赖特

本章旨在通过带领大家用“空间描述参数”分析几何图形，并解读其中压缩的“形式”与“功能”信息，从而开发图形的几何潜能。下面我们就以**弗兰克·劳埃德·赖特的团结教堂的平面（图2-54）**作为练习，测试大家是否在没有标注的平面中，正确地识别出每个空间的功能。

答案：1—礼堂；2—主席台；3—礼堂设备间；4—教室；5—手工实践房；6—辅助服务空间

思路：先将**平面分为左侧与右侧**看待，左侧图形组可以理解为一个中心对称的大方形内嵌套了小方形，而右侧图形组则是3个均质并列的小方形叠加周边辅助图形。**左侧中央图形的尺度向心性都暗示了其所承载的功能是教堂最主要公共空间礼堂。**知道道了1号空间是礼堂，就可以锁定处于礼堂周边配角位置的3号是礼堂设备间，而靠墙的2号位置是主席台。**而教室这种常规但私密的空间，则会布置在右侧这种均质图形内。**虽然都处于周边配角位置，但由于5号空间位置离4号教室更接近且图形尺度更特殊，所以是相对特殊且与教室联系更紧密的手工实践房。剩下的4个相同的小方形空间则是常规辅助服务空间。

解题的思路不止一种，重点是开始用设计师的专业视角阅读图形，创建“几何”与“空间”的联系。

章节阅读打卡

印象深刻的地方（感想）：

想要提问的问题：

03

关系：图形组织关系与逻辑

一件艺术作品或建筑作品，如果不能呈现出秩序，就难于履行其功能，难以传达其信息。……总之没有秩序，就无法表达作品的意义。

——鲁道夫 · 阿恩海姆（Rudolf Arnheim）

第1节　图形组织的评价维度

在《解码形式语言：图解建筑造型的秘密》一书中我们曾学习到，良好形式组织的基础标准是令人感到“舒适且刺激”，这要求设计本身在秩序中富有变化。空间与图形组织中也是如此，**秩序与变化是评价图形组织的重要维度。其中秩序又是变化的基础。**阿恩海姆曾经说：“一件艺术作品或建筑作品，如果不能呈现出秩序，就难以履行其功能，难以传达其信息。”可见秩序作为设计的基本线索，对于作品的整体呈现和使用者的“体验”都有着重要的意义。

对于建筑这种使用者能直接进入并体验功能的设计而言，空间之间连接方式的清晰与否至关重要，因为这决定了用户在空间中的“体验顺序”，即使用者使用功能的方式与次序。基于用户是否必须依次连续体验空间，而分为“串联”与“并联”两种。**连接方式清晰是图形组织关系的基础，**是梳理空间关系的第一把钥匙，在此基础上我们才能讨论图形组织的秩序。

图形组织中的秩序呈现在整体和局部之中，整体的秩序要求整体图形结构清晰，局部的秩序要求图形内部细节划分与整体关系呼应。出自坎波·巴埃萨之手的**贝纳通幼儿园（图3-1）**很完美地呈现了上述从整体到局部的秩序，设计整体被环形活动空间包裹，内部以中心方形前厅为轴心，旋转环绕布置四个方形教室，空间组织清晰。细节上，建筑环形空间的切口，与内部教室之间的交通廊道空间对应，教室中服务空间的划分也与教室边界平行，细节服从整体。

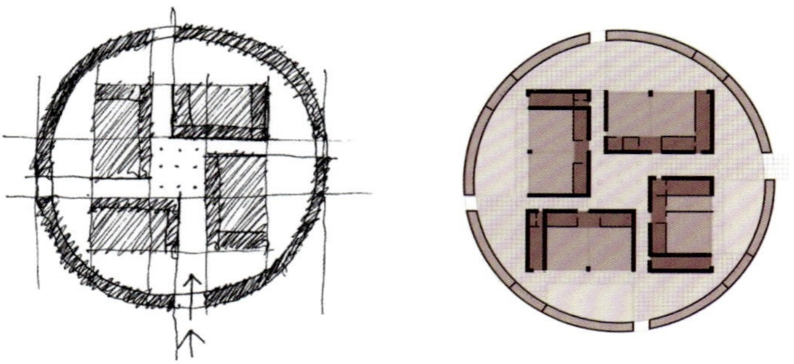

a）　　b）

图3-1　贝纳通幼儿园，坎波·巴埃萨
a）设计手稿　b）平面图

图3-2 理查德医学研究楼，路易斯·康
a）路易斯·康手稿 b）平面图

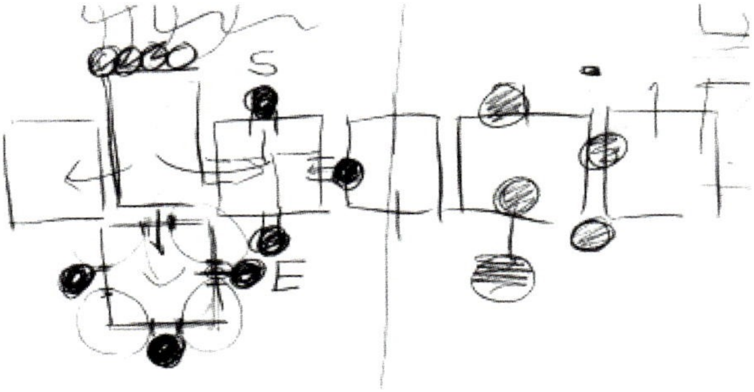

a）

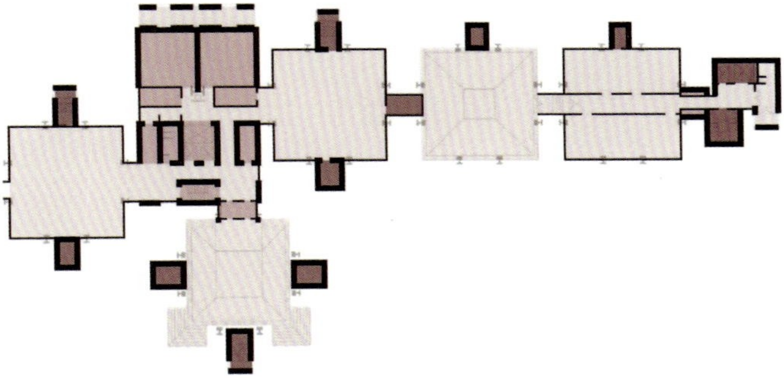

b）

从设计师的手稿中可以看出，设计师**在设计的最初阶段就通过有秩序的图形组织把控整体空间关系**。除了清晰的图形组织结构，草图中甚至已经展现了基本的服务空间（深色填充）与被服务空间（浅色填充）的关系，只是还没有进行细节的划分。**这种图形草图可以被理解为空间关系的"logo"。**

几乎所有有秩序的设计都在最初就拥有一个清晰的空间关系"logo"，它可以帮助设计师忽略很多细节划分的干扰，把握空间整体结构。如路易斯·康在设计**理查德医学研究楼（图3-2）**时所绘制的手稿，图形组织整体由两条轴线控制，方形被服务空间沿轴线布置，而服务空间（黑色填充）则围绕被服务空间布置。这样一个简单的图形"logo"就清晰表达了空间的秩序，反映了形式与功能的基本组织逻辑，并指导了后续空间设计细节的深化方向。

空间组织由图形组织展现，空间关系“logo”同时反映了形式与功能的基本组织逻辑。就像图形版的故事大纲，虽然没有丰富的细节，但表达的主题、主角与配角、故事情节走向等都得以确定。我们在设计时只需在此基础上进一步深化完善细节，而不必担心偏离最初的方向。这不仅是一种设计方法，在解读案例时使用也会事半功倍。在拥有了一个清晰的整体结构之后，**细节的划分则需要与整体呼应**才能不破坏甚至强化此前建立的整体关系。

贝聿铭在设计**美国国家美术馆东馆（图3-3）**时将三角形的特质自上而下应用到极致。在整体层面上，通过将梯形场地切分成两个三角形，使得主体等腰三角形能够与旧馆的轴线对称。细节划分上完全遵循两个三角形的内部网格结构进行细分，区分出公共中庭、角部展厅及服务空间。考虑到菱形的方正性较差，端部锐角空间相对难以利用，又在菱形的内部进一步划分出楼梯等辅助空间。美术馆三角形的“基调”奠定后，其几何逻辑得到明确，整个方案推进一气呵成。可见只要**图形组织的整体结构清晰，细节服从整体，秩序就实现了。**

a）

图3-3 美国国家美术馆东馆，贝聿铭
a）效果图

图3-3 美国国家美术馆东馆，贝聿铭（续）
b）平面图 c）整体-局部逻辑

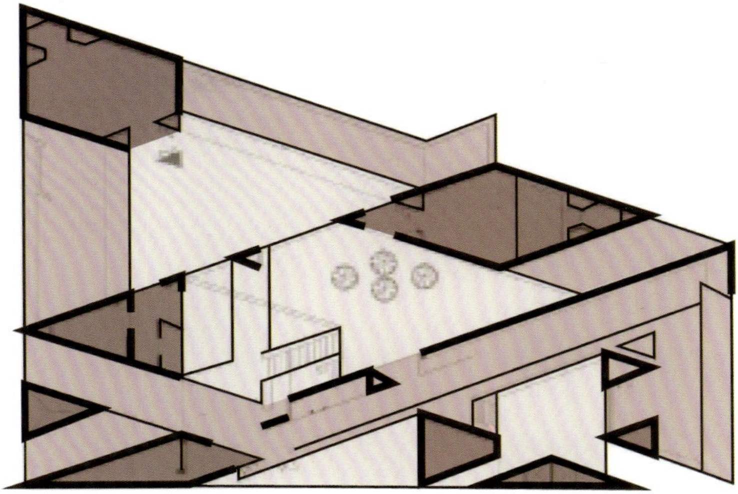

b）

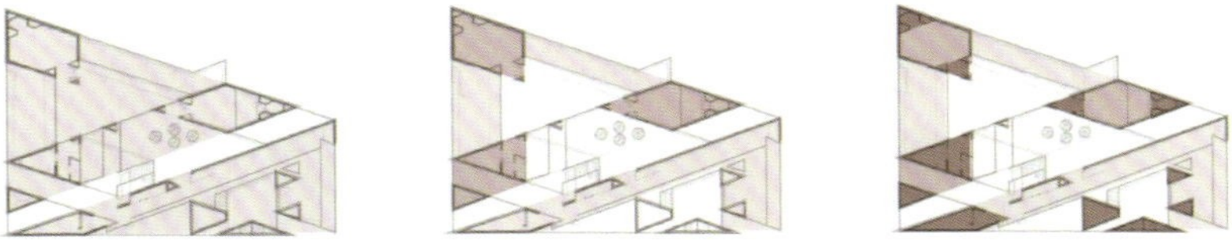

c）

《建筑：形式、空间和秩序》提到："有秩序而无变化，结果令人单调和令人厌倦；有变化而无秩序，结果则是杂乱无章。"**秩序之下的变化是使得空间更有趣味的关键。**我们可以通过几个案例，更深入地了解图形组织中的秩序与变化。以**浙江自然博物院新馆（图3-4）**为例，整体的图形结构以一个回字形连廊为轴，串联10个方形空间，在此基础上，短边方形空间通过改变比例创造变化，配合其位置的特殊性形成了入口以及公共餐厅空间，长边方盒通过左右位置错动产生变化，成为连续的展厅空间，这些变化都丰富了观众的空间体验。有了整体回形空间结构的控制，细节上空间位置以及形状的变**化都服从于整体的秩序，设计才能有序且有趣。**

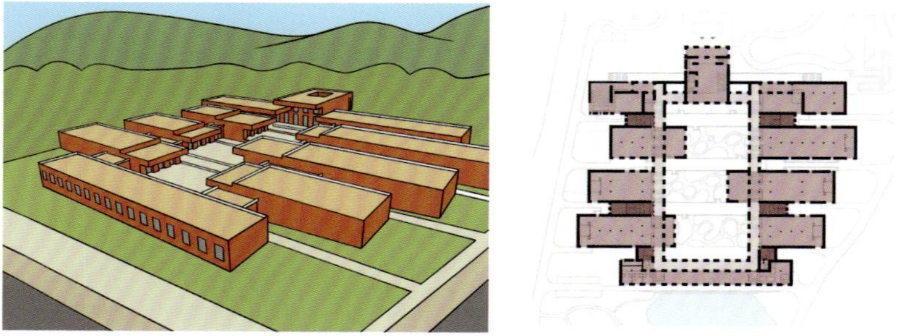

a） b）

图3-4 浙江自然博物院新馆，大卫·奇普菲尔德
a）效果图 b）平面图

简学义设计的“飞机场”（图3-5）用狭长的双走道空间分隔了南北两侧公共和私密区域，两条并行的条带既是图形上的重要基准轴，同时在功能上对两侧功能进行了分隔与联系。北侧是相对均质规则布置的卧室、后勤区域，南侧则是景观开阔的公共会客区域。设计将公共空间的几个方形扭转，使之获得更多的阳光与景观，变化的图形也强化了其与私密空间的对比。清晰的图形秩序对应着合理的功能组织，秩序下的图形变化又区分了不同的功能。

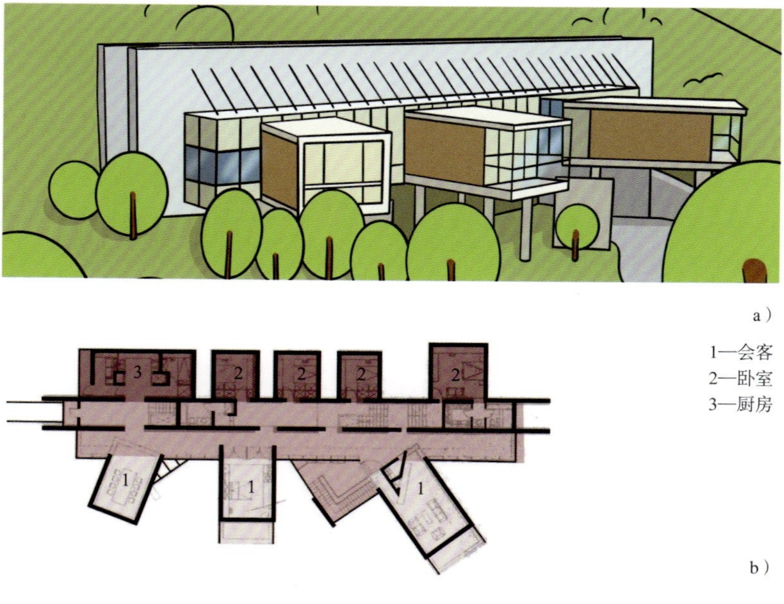

a） b）

图3-5 『飞机场』，简学义
a）效果图 b）平面图

OMA设计的**多哈健康园区（图3-6）**则遵从清晰的网格结构，呈网格状布置的私密空间——病房（内部网格）以及管理用房空间（外框）形成了建筑的整体空间秩序。它们既为园区提供了基本功能支持，也是建筑图形组织上的“框架”。在此基础上，设计又在网格所限定出来的各个方形庭院内再嵌入不同角度的方形来形成秩序下的变化，这些空间也承担了更特殊的门诊以及公共功能。在网格建立的基本秩序之下，网格内的元素进行了功能以及形式变化，建筑空间丰富而不乱。**图形组织中的秩序与变化使得空间在被合理组织的前提下产生趣味，创造了更丰富的空间体验。**

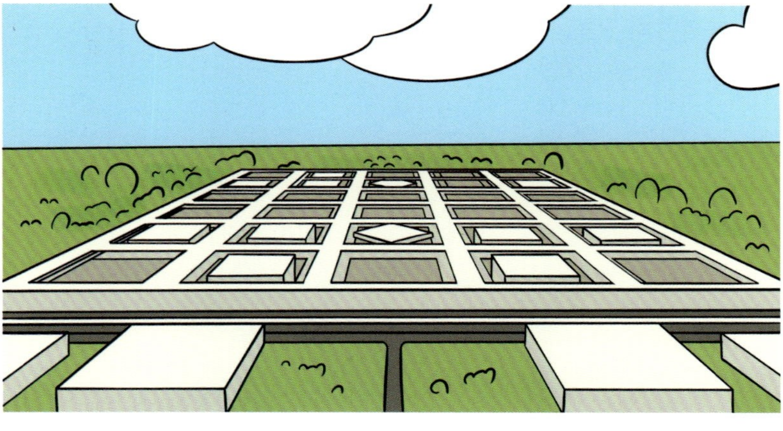

a）

1—管理用房
2—病房
3—公共

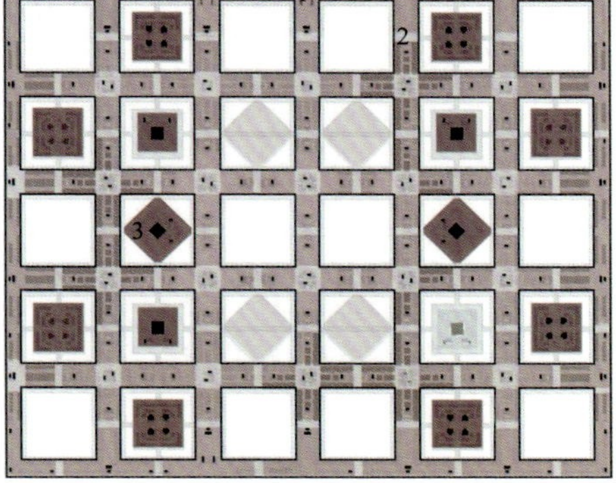

b）

图3-6　多哈健康园区，OMA
a）效果图　b）平面图

处理图形关系就是处理建筑的空间体验。我们可以通过**北京故宫（图3-7）**这个案例来理解图形组织中的秩序与变化是如何影响实际的空间体验的。**图形组织的秩序帮助使用者加强对空间的认知**，最常见且直接的体现就是在秩序更强烈的空间中，人们更具有方向感，不容易迷路。纵向的主轴与横向的次轴构成了故宫的基本秩序，因此即便院落布置看似错综复杂，其中的人们也很容易判断自己所处的位置，丝毫不需要担心迷路。故宫的主轴线被“三朝五门”等带有节奏变化的图形所强调，让整个平面构图自然产生了“主角”与“配角”之分。相应地，我们在故宫的实际体验中也可以轻易地通过一个个“大场景”感受到这条主轴线的存在，通过时刻判断自己与主轴线的关系，虽然人对空间的体验是一个个局部场景组成的，但仍然可以通过空间秩序感受自己在全局中的定位。

在秩序的基础上**图形组织的变化则帮助使用者感受空间的差别并带来趣味**。图形变化带来的效果也可以在故宫中感受到。故宫由大大小小的庭院组合而成，身处主轴大型的庭院之中，我们自然感受到场所的仪式感，对应行政职能的空间。而当身处次轴中的小庭院时，我们又将感受到空间的亲切感，对应着居住后勤的功能。秩序之下的变化让使用者获得更丰富的空间体验的同时，也进一步感受到空间的主次划分。

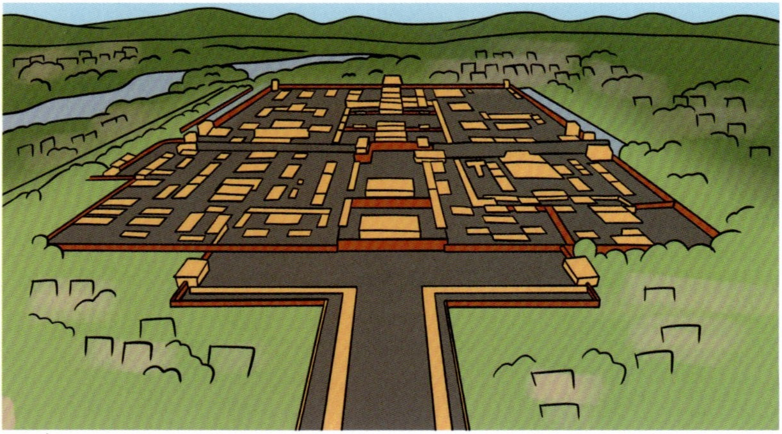

a）

图3-7 北京故宫
a）效果图

图3-7 北京故宫（续）
b）总平面图 c）秩序-变化图解

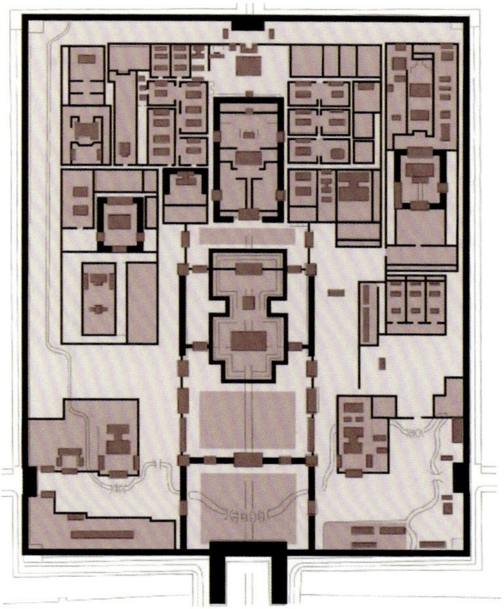

b）

c）

可见在清晰的连接方式的基础上，良好图形组织的重要条件是整体与局部的秩序，这个秩序保证了空间中的功能被有效有序地使用。在此基础上产生的变化，则使得原有的均质的组织元素被进一步区分与强化。在接下来的章节中，我们将通过进一步详细介绍图形的连接方式，以及实现图形秩序的方法，带领大家解开图形组织的秘密。

第2节 图形组织的连接方式

空间正确的连接方式是一座建筑正常运转的前提。梳理了基本的空间连接方式之后，我们对于空间秩序的研究才有了基准与出发点。前文提到基于体验的连续性，空间连接的方式分为**串联和并联**两种结构（**图3-8**），实际设计中常常出现两者的组合，以实现更加复杂和有趣的空间效果。

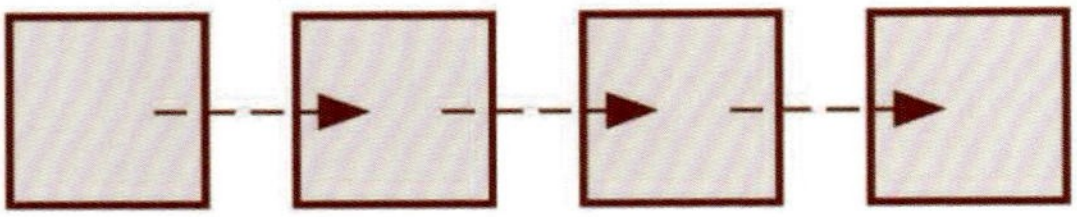
a）

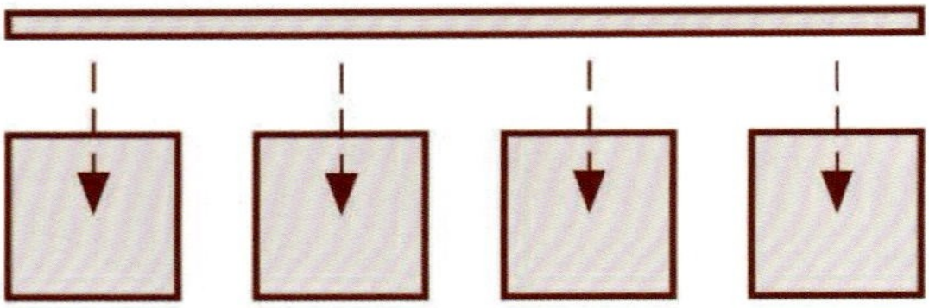
b）

图3-8 两种结构
a）串联结构 b）并联结构

一、串联

串联结构的核心特征是其空间“一个接一个”的连续性，这种结构使使用者必须按照特定的顺序经历每个空间。这一特点使串联结构在强调功能顺序使用的交通建筑和展览建筑中尤为常见。

在交通建筑如机场或火车站中，乘客乘车的整个流程——从取票、安检到候车是单向不可逆的，串联结构可以保证乘客沿着严格设定的顺序进行。而展览建筑同样需要串联的空间布局，特别是展示那些按年代或主题排列的展品。在这类建筑中，访客通常被引导沿着特定的路径参观，以确保他们能够按照既定的顺序体验整个展览。

如刘克成设计的**大唐西市博物馆（图3-9）**，是由12m×12m的展览单元组成的，其整体布局仿照隋唐长安城的棋盘路网。这种设计虽然借鉴了城市中街道“并联”各个功能的传统网格逻辑，但为了适应展览的需要，设计师转而采用了“串联”的连接方式，巧妙地将各个展览单元连接起来。通过这样的方式，设计师既保留了传统的棋盘式空间布局，又满足了展览空间对于连续、有序参观路径的需求。

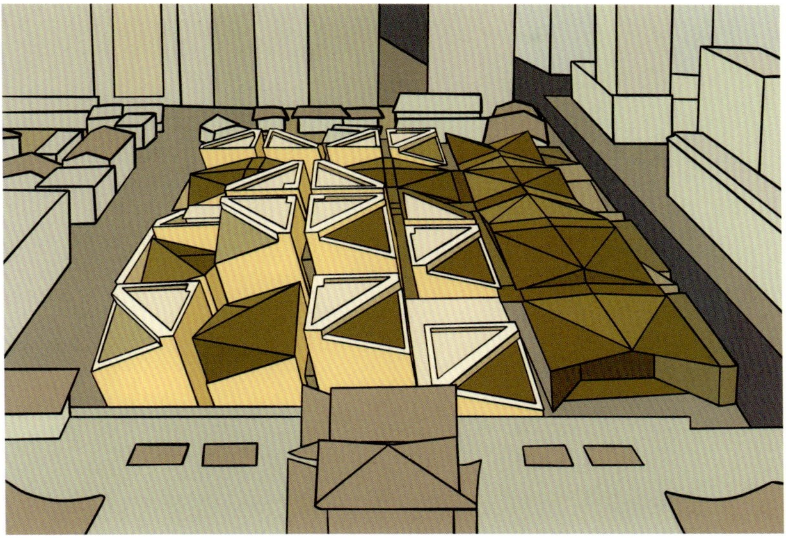

a）

1—展厅
2—办公区
3—休息区

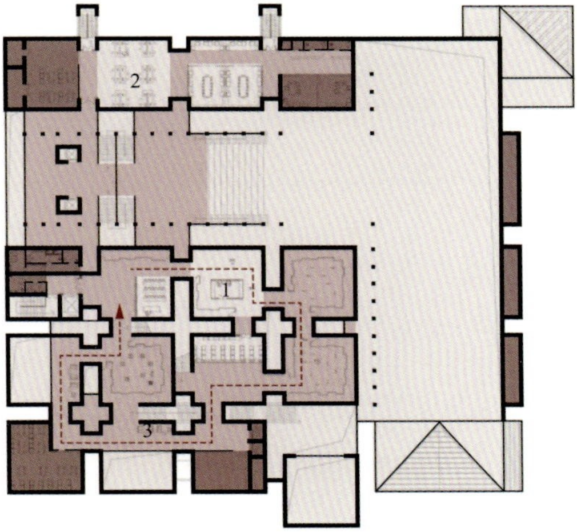

b）

图3-9 大唐西市博物馆，刘克成
a）效果图 b）平面图

a）

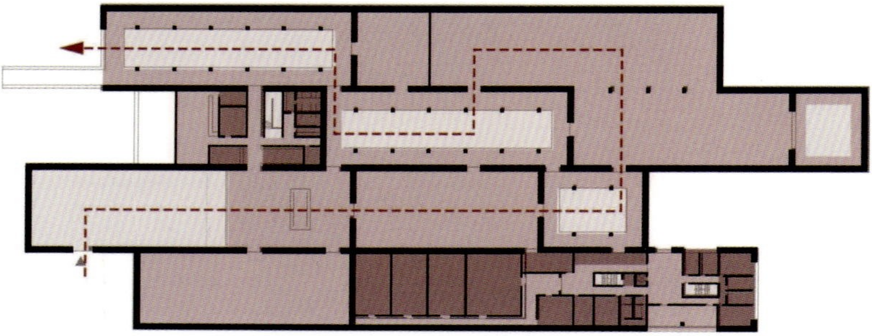

b）

图3-10 良渚博物院，大卫·奇普菲尔德
a）效果图 b）平面图

同样，大卫·奇普菲尔德设计的**良渚博物院（图3-10）**在形体上为并置关系，然而为了回应展览空间的使用需求，设计师在建筑内设置了一条有序穿越不同方形的流线，为游客打造了一条“展厅-庭院-展厅”的连续观览路径，引导游客沿着特定的路线参观展览。空间连接为清晰的“串联结构”，满足观众观展的连续体验。

二、并联

并联结构的核心特点是**各个功能区域之间的体验没有固定的先后顺序**，赋予使用者自由选择进入顺序的灵活性。这种结构通常适用于那些以一个主要的公共空间作为核心、连接其他多个功能房间的空间类型，如住宅、教学建筑和办公空间等。**罗马万神庙（图3-11）**就是一个并联结构的经典案例。它的设计通过一个广阔的中庭来连接四周的凹入式壁龛空间。这种布局不仅提供了一个壮观的集中式公共区域，还允许访客自由选择探索不同的壁龛，充分体现了并联结构在空间设计中的自由和灵活性。

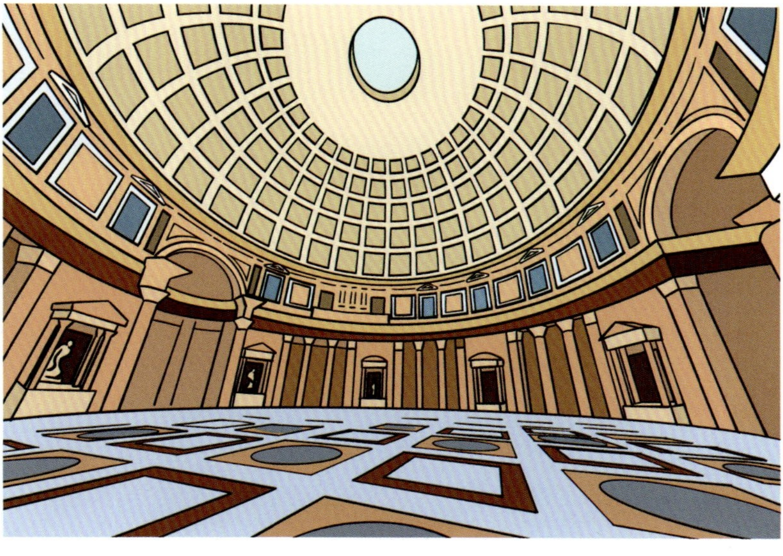

a）

1—中庭
2—壁龛

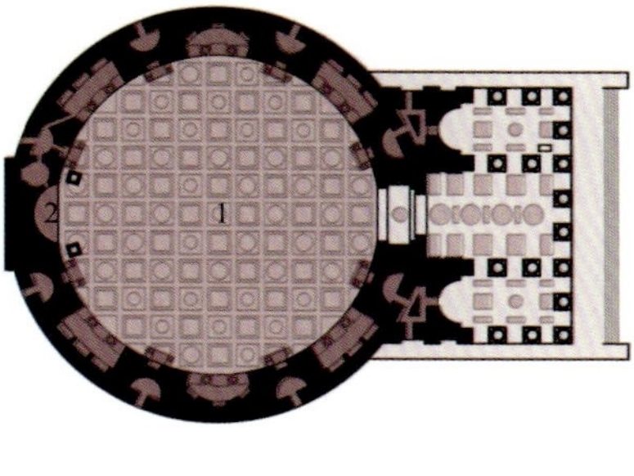

b）

图3-11 罗马万神庙
a）效果图 b）平面图

SANNA建筑事务所设计的**金泽21世纪美术馆（图3-12）**虽然也属于展览馆，但是它并没有强行为观者规划路线，而是采用了“并联”的空间连接。特殊的是，在这个展厅的图形组织中并没有看到常规并联结构中明显“中心空间”，而是采用了“将一个个独立的盒子置入一个整体的圆形空间内部”的策略，消解了传统用中庭空间组织其他功能模式的等级性，实现了匀质的空间状态。但当我们抽象图形的连接方式时，则可以理解其“并联”的本质。

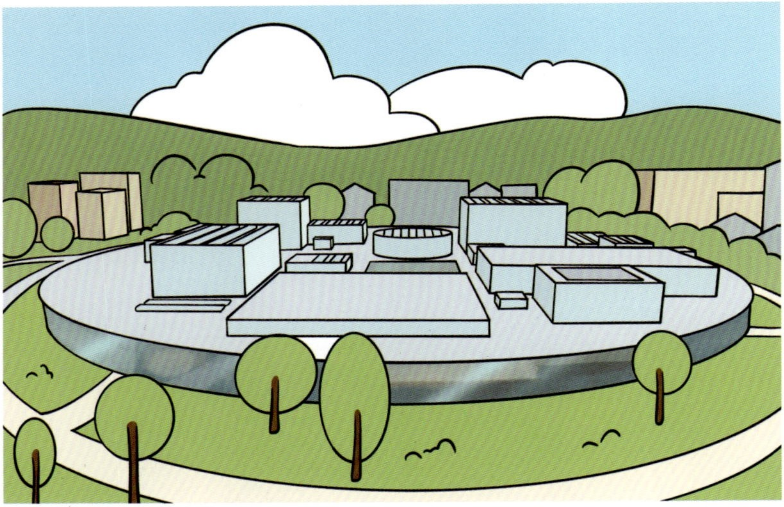

a）

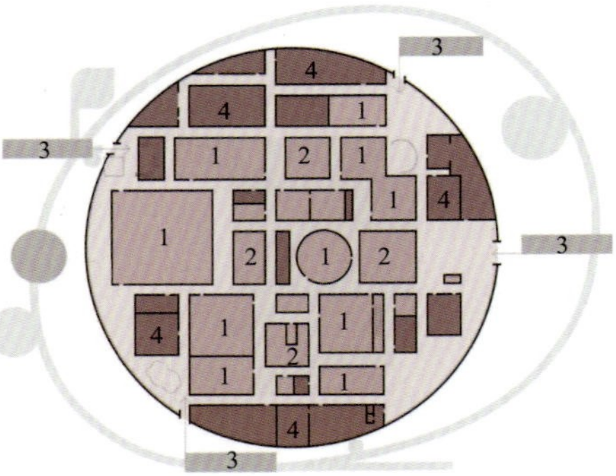

b）

图3-12 金泽21世纪美术馆，SANNA建筑事务所 a）效果图 b）平面图

在建筑设计中，理解图形的连接方式对于理解建筑空间组织本质尤其重要。适当的空间连接方式下空间才能被有效利用，这是实现图形秩序的根基。

第3节　多个图形的组织秩序

我们可以将秩序理解为图形中存在某种“线索”，为建筑师协调整体形式与功能提供参考，也帮助观众或者用户联系不同的图形或空间。经典设计理论书籍里介绍了很多关于如何实现图形的组织秩序的方法，如轴线、对称、韵律、基准等。这些方法大多都以“轴线”的存在为前提，如对称是轴线控制过后可能产生的效果，韵律是沿着轴线产生有节奏的排列，而基准本身就可以被理解为一种轴线。

基于这样的理解，我们可以把多个图形的组织秩序的实现方法分为将“轴线”作为明显的“线索”，或在特殊无轴线情况下仅靠图形之间的联系产生“线索”两种。

一、单条轴线

作为最基础的轴线，**单条轴线（图3-13）组织的建筑秩序较为鲜明简单。**图形可以分布在轴线上，也可以分布在轴线两边。

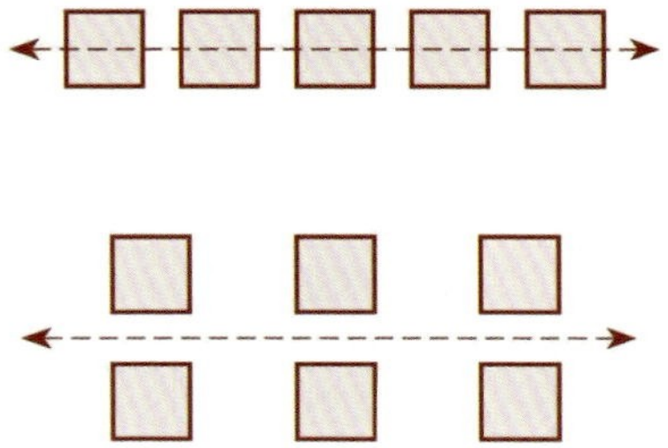

图3-13　单条轴线-线性形式

如HPP建筑事务所设计的**湖南广播电视台节目生产基地（图3-14）**用一条东西向**轴线**串联起各个建筑单体。轴线成为连接不同演播厅的骨架，各个演播厅单体**以轴线作为基准进行尺度的变化**。轴线的终点停留在地形的最高点，九层高的“演播厅+办公楼”被放置在此以显示对轴线终点的强调，彰显了设计中的等级与韵律。一条简单的轴线就使得复杂的空间组织产生秩序且层级清晰。

a）

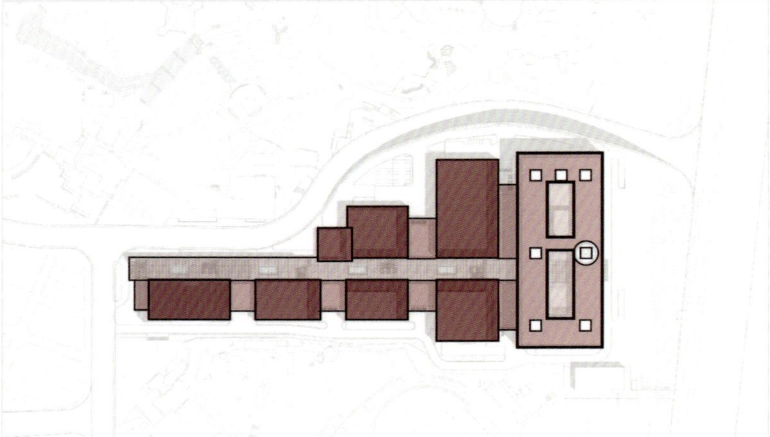

b）

图3-14 湖南广播电视台节目生产基地，HPP建筑事务所
a）效果图 b）平面图

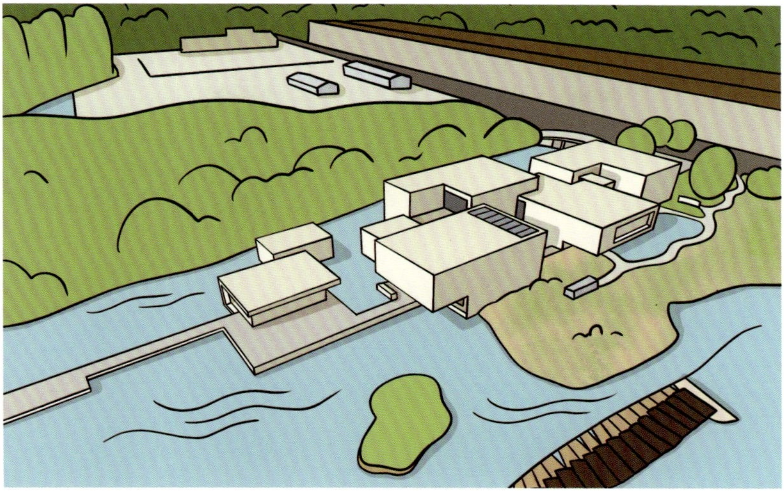

a）

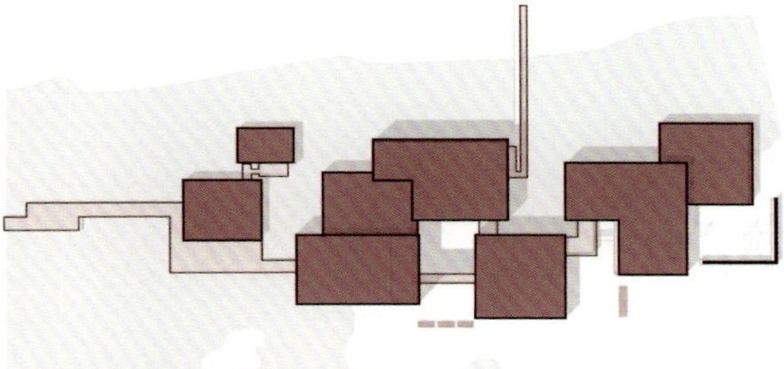

b）

图3-15 木心美术馆，OLI建筑设计事务所
a）效果图 b）平面图

单条轴线不一定是一条纯直线，可以是折线甚至曲线。我们可以将**木心美术馆（图3-15）**设计概念中的“街道”理解为控制图形秩序的轴线，由于这条隐形轴线的存在，整个建筑有了一个清晰的东西两向展开的整体秩序。作为轴线的“街道”是一条曲折的路径，时而穿过室内，时而走出室外与自然发生互动，展厅的单体沿着轴线错动变换，与街道一同打造出一条模拟乌镇水乡体验的观赏路径。使用者也能沿轴线直观感受到东西延展的建筑序列。

二、交叉轴线

交叉轴线（图3-16）可以理解为多条轴线的组合。轴线交叉处与前面我们提到的“十字形”中心相似，**交点可以成为视觉与功能的焦点**。

交叉轴线在建筑群布置与城市规划中扮演着枢纽角色，交叉轴线除了能对场地进行切割，形成更细分且丰富的功能分区之外，还在交叉中心处创造了区域的交互节点。轴线作为交通主干，不仅有效地实现了单体建筑之间的联系，也实现了《解码形式语言：图解建筑造型的秘密》一书中提到过的“负空间统一”。

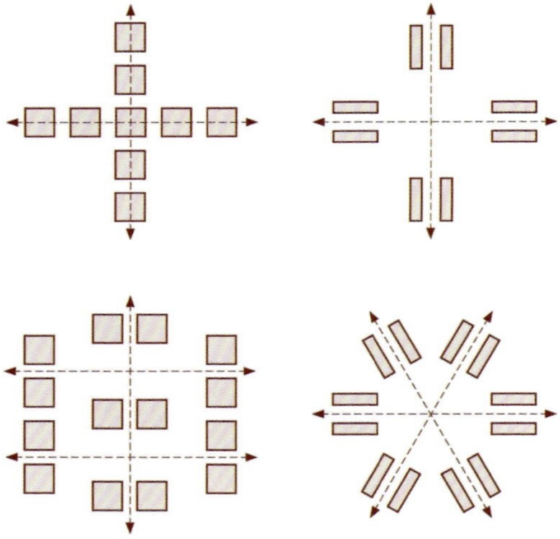

图3-16 交叉轴线-集中形式

正如我们之前提到的“十字形”的交叉中心，交叉点通常扮演着“能量交换核心”的角色。在功能上，它们通常可以是大型公共建筑的主入口，也可以是城市广场的集会点，或者是交通枢纽中的关键转换站点。总体来说，多轴线交叉的设计方式，不仅实现了功能的合理划分与连接，保证了空间连续性，同时还通过节点创造了趣味的节奏。

扎哈·哈迪德主持设计的**皇岗口岸区域规划（图3-17）**就展现了在城市设计尺度中，轴线对整体图形秩序所起到的决定性价值。一条

图3-17 皇岗口岸区域规划，扎哈·哈迪德
a）效果图 b）总平面图

a）

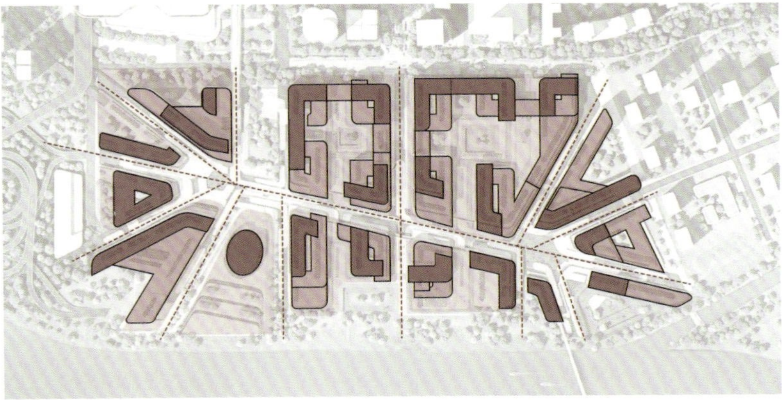

b）

主轴头尾两端连接多条次轴，所有建筑均顺应轴线进行排布。整个构图中有两个明显的交叉点，它们也是整个设计的重点。轴线交点放置了两大中心公共广场，连接了三个被整体轴线界定出来的功能区：港口枢纽、协同创新区和港口居住区。轴线成为交通干道，而交点则成为不同功能交汇的中心。

OPEN建筑事务所设计的**北京四中房山校区（图3-18）**则更好地展现了主轴对次轴的组织。建筑的空间结构可以被理解为一条主轴线与四条副轴线的组合，副轴线控制了常规教学区域功能的布置，主轴线是整体图形秩序的核心，串起了四条支线，同时在功能上也作为一条可拓展的室内社交场所，成为课间汇聚不同班级的公共空间。

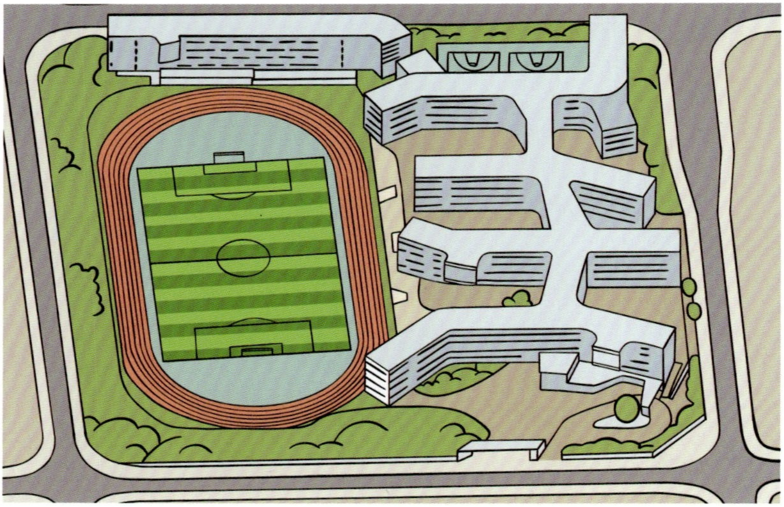

a）

1—教室
2—实验室
3—活动空间
4—展览空间

b）

图3-18 北京四中房山校区，OPEN建筑事务所
a）效果图 b）平面图

图3-19 盖蒂中心，理查德·迈耶
a）效果图 b）总平面图

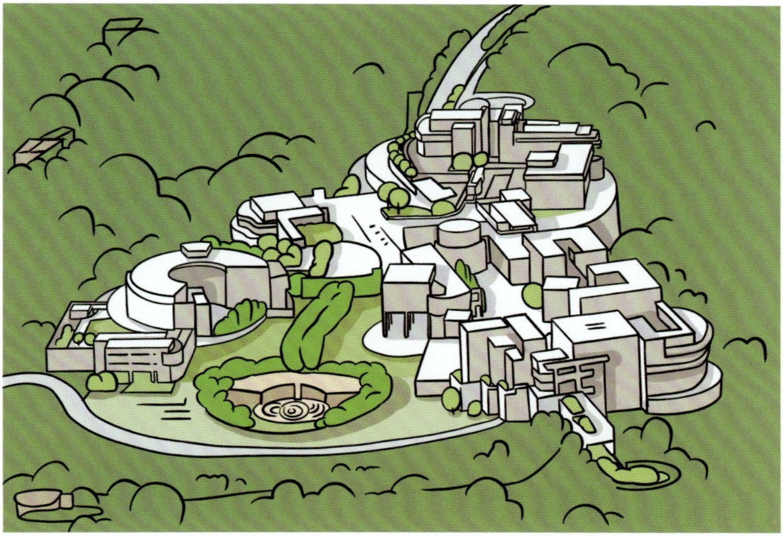

a）

1—艺术与人文研究中心
2—博物馆
3—礼堂
4—教育中心
5—信息中心

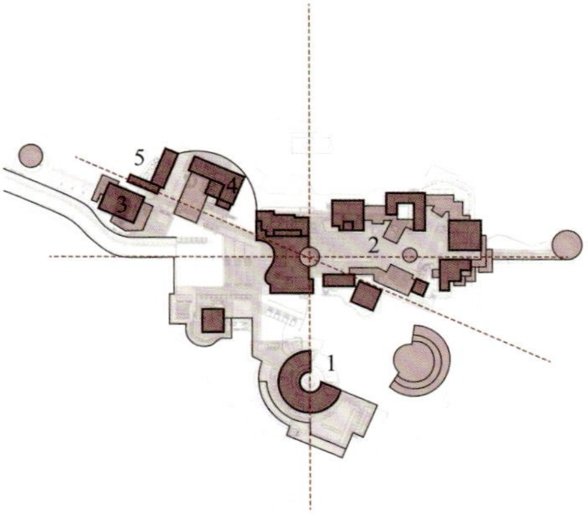

b）

理查德·迈耶设计的**盖蒂中心（图3-19）**借由与山脊方向相关的多条轴线展开布局。看似复杂的建筑其实可以被三条核心轴线界定区分，三轴以构图中心的入口大厅为交点，分别控制了主体展览区、研究管理区以及图书区。建筑师在造型上也特意用圆形平面强调了交点入口的特殊性，这里是图形的核心，也是功能的枢纽。**轴线使得整体图形有了基本秩序，也为形式与功能的协调提供了一个清晰的参照。**

三、作为基准的轴线

轴线的作用不一定只体现在均衡地控制两侧的图形，也可以偏居一侧**作为整个图形的基准线（图3-20），在边界限定功能区域，使图形的变化更加可控**。

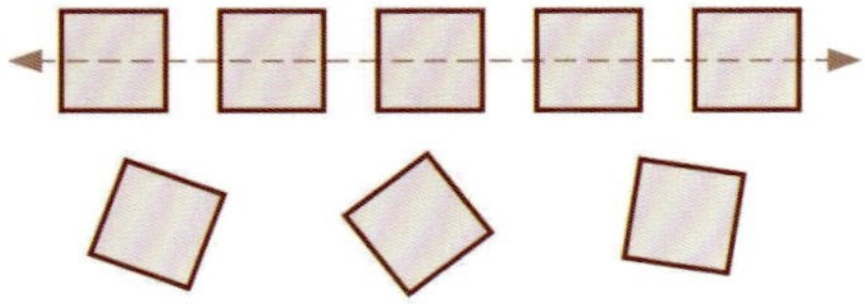

图3-20 作为基准的轴线

如在萨克雷大学内**巴黎综合理工学校新学习中心（图3-21）**的竞赛设计中，建筑可以被视为由两侧完全不同的空间图形组合而成，沿马路一侧布置外形规矩的标准教学用房，这一侧图形规整，可以被视为是一条基准轴线，而另一边布置与绿地相结合的创新教学空间，形式更加松散自由。这样的布置顺应了场地两侧的公共私密逻辑，创新教学空间通过标准教学单元与嘈杂的马路隔开，并面向公共绿地。标准教学单元成为整个空间的基准轴线，使得自由布置的创新教学空间不会显得无序。

a）

b）

图3-21 萨克雷大学内巴黎综合理工学校新学习中心设计竞赛一等奖，藤本壮介

a）效果图 b）平面图

图3-22 多米尼克修道院，路易斯·康

a）效果图 b）平面图

a）

1—食堂
2—教堂
3—入口塔
4—学校
5—宿舍

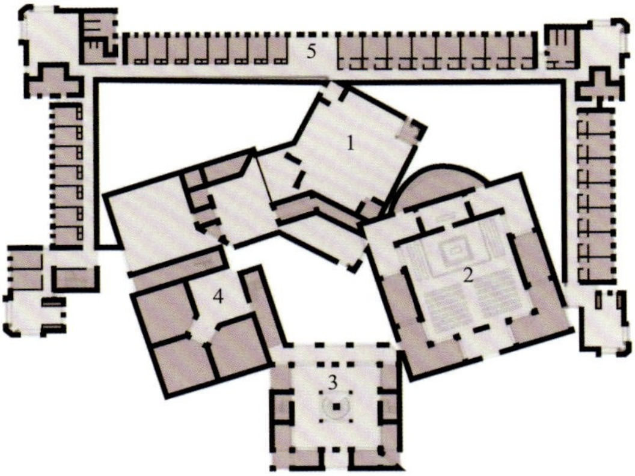

b）

路易斯·康设计的**多米尼克修道院（图3-22）**则是将建筑公共部分放在宿舍围合的院落中，U字形的标准宿舍单元可以被视为是折起来的基准轴线。U字形的基准线围合出公共庭院，入口塔、教堂、学校、食堂呈一定角度分散布置其中。庭院中的图形布置单独看并没有规律，但因为有了基准轴线的存在，整体图形构图仍展现出清晰的秩序。

基准线可以是各种各样的形状，甚至可以是个闭环。如在**法国白色树塔住宅（图3-23）**的设计中，我们可以将内侧室内房间部分视为环形的基准线，而悬臂式阳台沿着这条基准线向外自由发散。因为有了基准线作为背景，错落的阳台不仅不显得混乱，反而成就了建筑的独特。**基准线的存在非常有效地平衡了空间中的秩序与变化，使得变化服从于秩序。**

轴线的存在为设计师与观众都提供了清晰的“强线索”，是在图形组织中创造秩序的重要方法。然而当没有轴线存在的时候，依靠图形之间形成的“弱线索”，图形的秩序也可以形成。

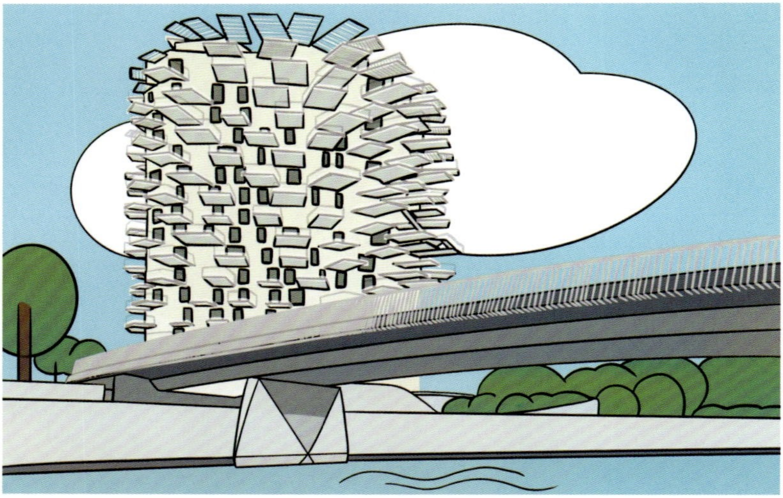

a）

1—公寓
2—阳台

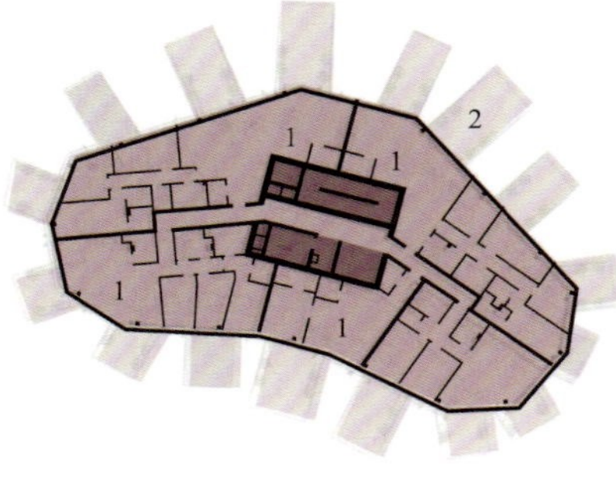

b）

图3-23 法国白色树塔住宅，藤本壮介
a）效果图 b）平面图

四、无轴线

当设计中**没有明显的轴线来统摄全局时（图3-24）**，设计师则需要加强图形元素的类型、性质、空间关系三个层面的调控，在图形间创造线索，帮助观者找到图形间的联系。

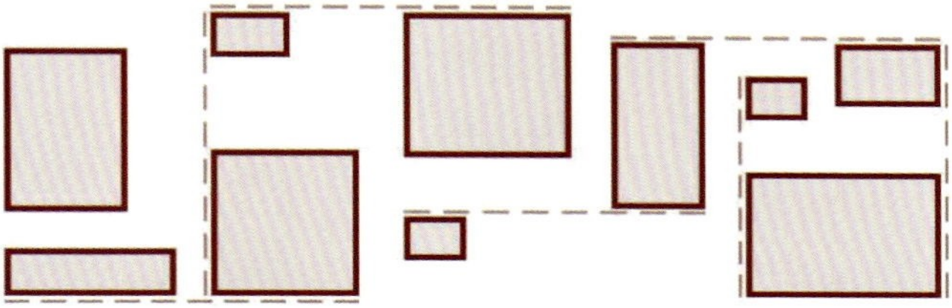

图3-24　无轴线

如西泽立卫设计的**森山邸（图3-25）**虽然没有明显轴线的控制，但设计中通过严格控制元素类型与创造图形关联也实现了图形组织的秩序。设计中所有建筑单体均为方盒子，元素类型统一，且部分单体之间有意通过对齐的手法创造关联，观众通过这些“弱线索”也能感受到秩序的存在。

a）

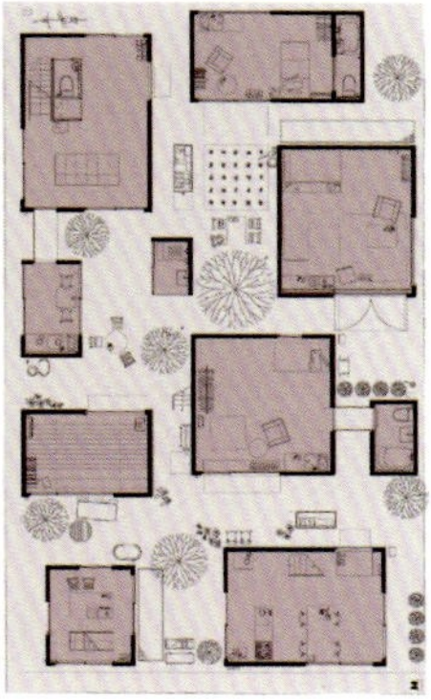

b）

图3-25　森山邸，西泽立卫
a）效果图　b）平面图

不管是轴线的“强线索”或是图形之间的“弱线索”，目的都是使得图形组织的整体结构清晰。图形的秩序体现在整体与局部的和谐，在整体秩序之下，局部的秩序才有了依据。

第4节 图形内部的划分逻辑

一、图场：受邻近图形影响

整体的秩序要求整体图形结构清晰，局部的秩序要求图形内部细节划分与整体关系呼应。如果说整体秩序实现的根本是“轴”，那么局部秩序实现依靠的是图形间的**“场”**。正如电荷有**电场**，在接近时它们的电场会互相影响，**电场线（图3-26）**具象地表达出了邻近电荷间的相互影响。

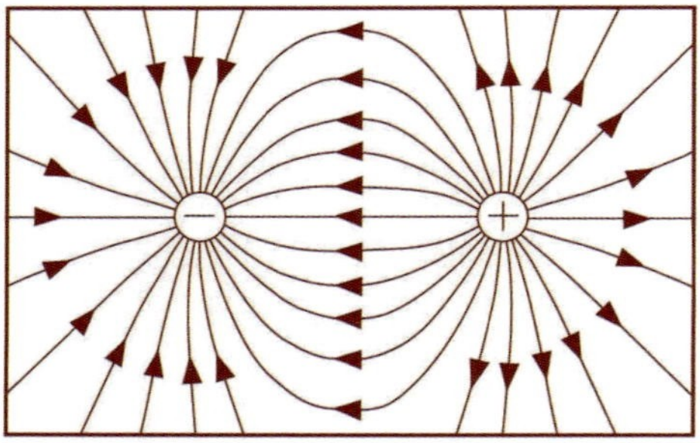

图3-26 两个等量异号电荷之间的电场线

我们假设**图形间也有类似的“场”（图3-27）**，两个图形接近时，图形的场也会互相干扰，进而影响图形内部的空间划分。对一个独立的方形来说，它有自己的**“图形场线”**，简称“图场线”，在与另一个方形靠近时，两个方形之间的“场”会发生干扰，进而影响对方的内部空间划分逻辑。根据图形间的基本位置关系，**两个图形之间的组合关系可分为：分离、接触、穿插、包含。**在这些情况下，都可以看到整体的空间组织结构对图形内部划分的影响，**局部的划分需要去呼应这种来自整体的影响才能最终实现图形的秩序**。

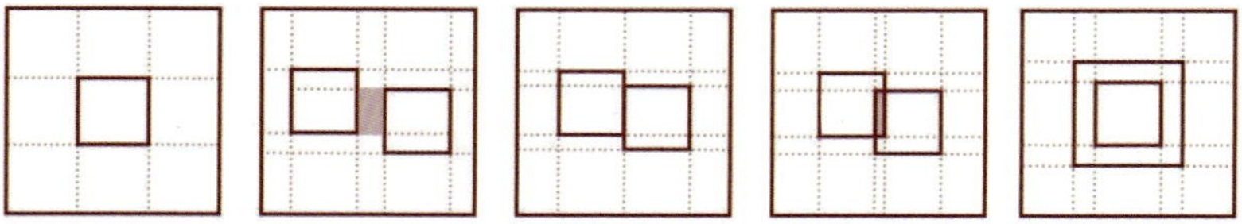

a） b） c） d） e）

图3-27 图形间的『场』 a）原形 b）分离 c）接触 d）穿插 e）包含

（一）分离

当两个图形处于**分离**状态时，我们需要重点**关注图形间由双方“图场线”共同限定出的“连接区域”，以及“图场线”对对方内部划分的影响。**

罗比住宅（图3-28）可以看作是两个分离状态的方形的组合，“连接区域”是连接两个图形的重要中轴，在设计中也被清晰地通过墙体界定出来，成为重要的走道空间。同时，两个方形的边界又互相影响着对方图形内部的空间划分。这种图形间“场”的互相影响不但可以使得空间整体体验更加连续，同时也有利于结构的布置，保证柱网的正交和连续性。

a）

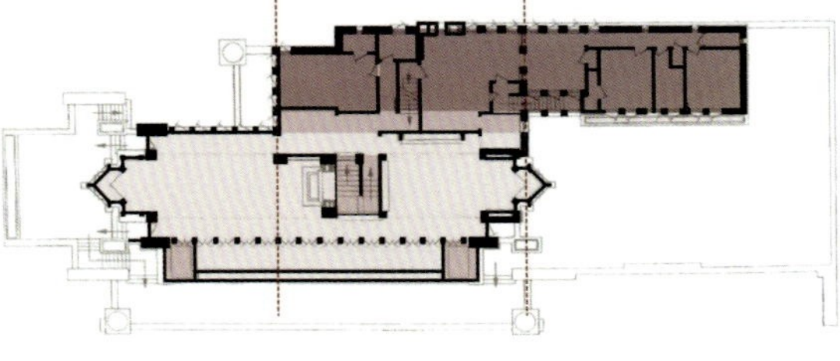

b）

图3-28 罗比住宅，弗兰克·劳埃德·赖特 a）效果图 b）平面图

a）

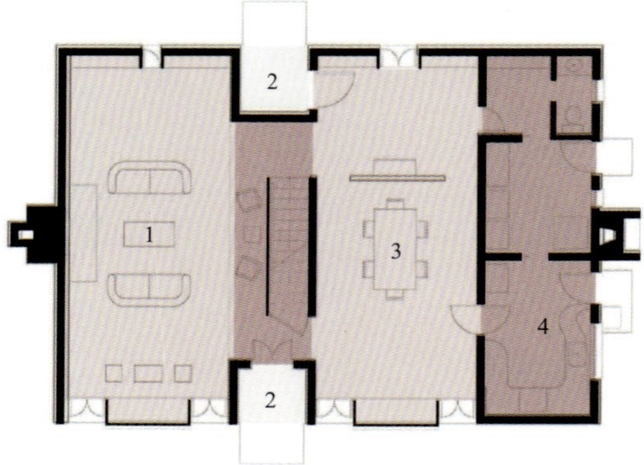

b）

1—起居室
2—门廊
3—餐厅
4—厨房

图3-29 埃希里克住宅，路易斯·康
a）效果图 b）平面图

图形间的“连接区域”不仅可以连接图形间的功能，还可以通过造型的区分使原来的两个图形边界更清晰。路易斯·康设计的**埃希里克住宅（图3-29）**同样是两个分离状态的方形空间，而中间的门廊条带就可以看作是两个方形图形接近后产生的“连接区域”。由于两个方形平行并列布置，图形间的界限容易不清晰，路易斯·康采用了两端凹入的手法将图形的“连接区域”清晰界定出来。与罗比住宅类似，这个“连接区域”在功能上也成为整个建筑的交通核心。

（二）接触

当两个图形相互靠近直至**接触**后，中间的**“连接区域”消失**，但接触后对临近图形划分的影响依然存在。阿尔瓦·阿尔托设计的**维堡图书馆（图3-30）**从外形上就可以看出其本质正是**接触而不重叠**的两个方形。其平面中可以清晰地看到二者的边界互相影响了对方的内部空间划分，一层内部空间的阅览室、门厅及报告厅等主要功能划分均是基于这种互相影响，体现出内部划分与整体图形的关联。

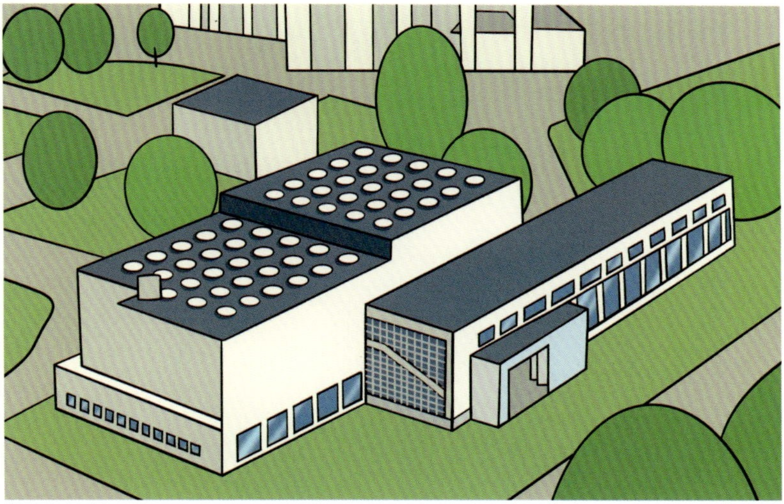

a）

1—门厅
2—报告厅
3—阅览室

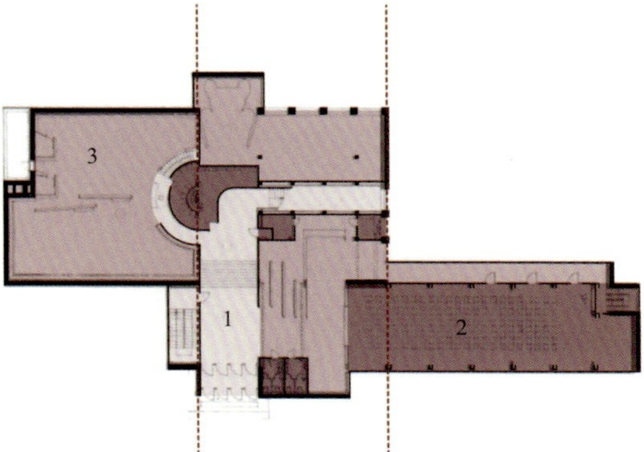

b）

图3-30　维堡图书馆，阿尔瓦·阿尔托
a）效果图　b）平面图

（三）穿插

两个图形进一步靠近，二者**穿插**后形成了**交叉区域**。**奥登帕扎里现代艺术博物馆（图3-31）**的平面可以理解为两组不同方向的方形**穿插**，回应其“错落的盒子”的概念。交叉后的两组图形相互影响了对方的内部空间划分逻辑，“交叉区域”同时出现了正交以及斜交的划分方式，界定出露天平台、临时展厅、办公区、休息区四部分。

a）

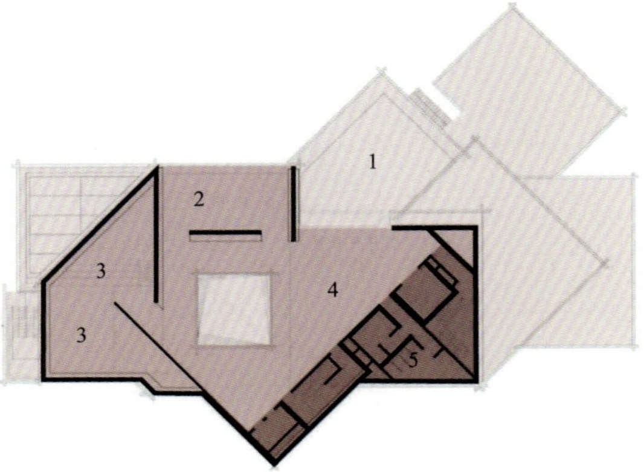

1—露台
2—临时展厅
3—办公区
4—休息区
5—辅助配套

b）

图3-31 奥登帕扎里现代艺术博物馆，隈研吾 a）效果图 b）平面图

图3-32 迦太基别墅，勒·柯布西耶
a）效果图 b）剖面图

a）

1—露台
2—餐厅
3—客厅

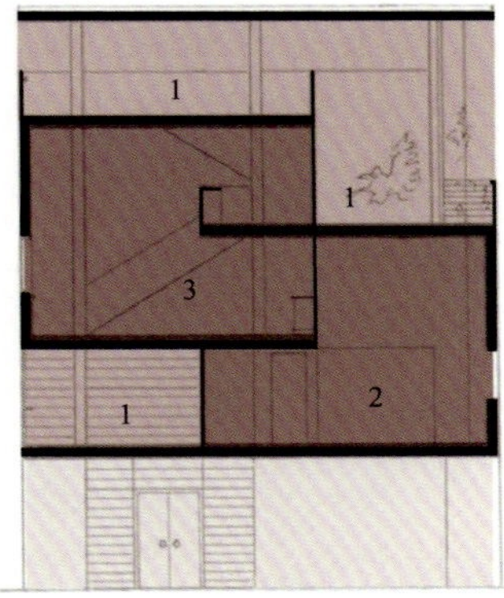

b）

图形间“场”的互相影响不仅体现在平面上，我们在**剖面**上依然可以利用这种手法进行空间的划分。如勒·柯布西耶设计的**迦太基别墅（图3-32）**其剖面空间组织明显体现出了两个方形的咬合穿插，重叠的“交叉区域”联系两侧通高空间，两个方形的边界的延伸影响了对方内部空间的划分，界定出了室内夹层、服务空间等的边界。这种内部划分的呼应让整体“穿插交错”的秩序更明显且有逻辑。

（四）包含

当两个图形极致地靠近，就会产生**包含关系**。马里奥·博塔设计的**圣维塔莱河住宅（图3-33）**的平面空间组织可视为大小方形的嵌套，方形的中央楼梯区对其他区域的划分产生了决定性的影响。建筑内部所有重要划分均是基于内部方形的“图场线”为外部方形带来的“九宫格”，比如功能房间的界定、露台的开口位置等。

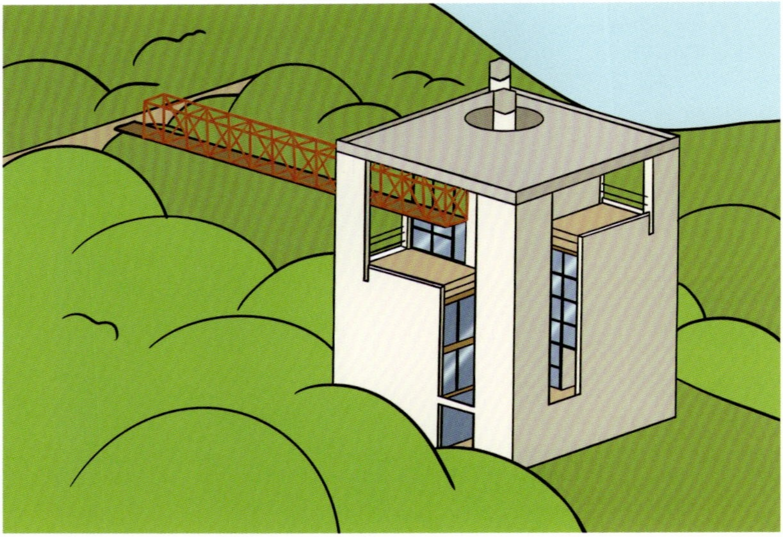

a）

1—起居室通高
2—儿童卧室
3—室外平台

b）

图3-33 圣维塔莱河住宅，马里奥·博塔
a）效果图 b）平面图

图3-34 岐阜媒体中心，伊东丰雄
a）效果图 b）平面图

a）

1—阅读
2—露台
3—学习
4—展示
5—藏书

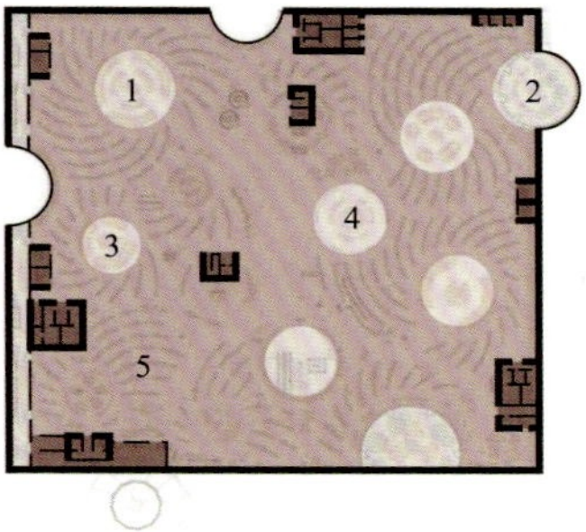

b）

岐阜媒体中心（图3-34）的方形平面**包含**了许多顶棚限定出来的圆形，这些圆形的周围采用家具对空间进行了弱划分，这些家具仿佛遵循圆形发出的 “磁感线”进行布置，把隐形的“图场线”具象化了。每个圆形场域之间也有着微妙的联系，整体形成由“圆形引力”定义出的、无围合却井然有序的空间，体现了包含关系中图形对于周边空间划分的影响。

相邻图形的“图场线”对彼此内部划分空间的影响与图形组合关系有关，但根本目的都在于回应空间组织整体结构关系。除了这种外部影响，图形“外轮廓”也会对自身的划分产生影响。

二、分形：受图形自身影响

当我们聚焦图形轮廓对自身空间划分的影响时，可以借助**分形**的概念来理解物体的局部与整体的相似性。自然界中分形的应用普遍存在，当你放大植物的一小块叶片，你会发现植物的主脉以及次脉的形态是一致的，次脉又会进一步不断细分，**同样的分支模式在不同尺度上持续进行**。即便是在更大尺度，一棵树的树干与分支也遵从着类似图形逻辑。这就是自然界中典型的分形逻辑，它使得**每一层级局部的划分遵循上一层级整体的结构。**用“自相似”的逻辑将原始图形，即母形划分，这便是经典的**“分形几何”（图3-35）**。

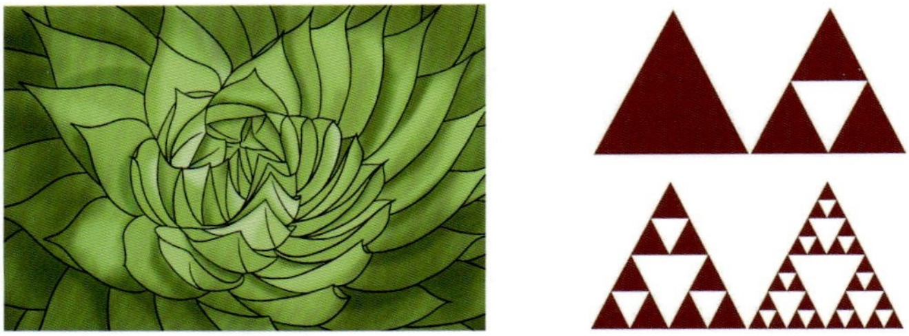

a）　b）

图3-35　分形
a）自然中的分形　b）几何中的分形

分形逻辑也可以被运用到建筑内部空间的划分中，以取得空间设计整体与局部的和谐一致。有机建筑理念的代表人物弗兰克·劳埃德·赖特在设计方案时，经常使用分形逻辑进行空间划分。如**松特住宅（图3-36a）**由一个大三角形“母形”为起点，内部的空间通过对母形轮廓边线进行偏移、缩放等方式完成划分，**杰斯特住宅（图3-36b）**则是以圆形为起点，内部划分可以理解为是由通过缩放得到的大小不一的圆形来完成。设计中局部与整体的统一让建筑成为一个“有机体”。

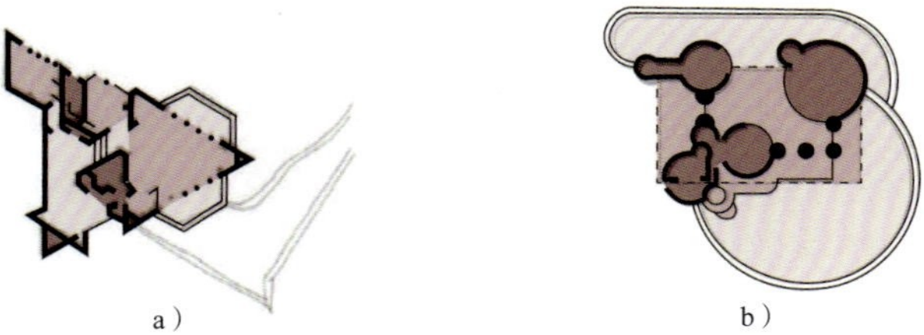

a）　b）

图3-36　图形的内部划分
a）松特住宅　b）杰斯特住宅

分形逻辑在空间设计的运用具体到手法上可以分为两大类，第一类是直接**基于母形外轮廓**进行分形，如对轮廓边线进行**偏移、缩放、均分**；第二类是在**母形内部置入第二秩序**，如**正交网格**。

（一）偏移

偏移是最常见的空间划分手法。同样出自弗兰克·劳埃德·赖特之手的**汉娜住宅（图3-37）**，采用对外轮廓线进行**偏移**得到内部图形划分的依据。整个平面图形呈现出整体与局部统一的有机秩序，这样的有机秩序也会极利于功能的排布，提高空间的利用率。这与我们之前提到的“方正性不佳”的图形需要与“相似图形”进行组合的底层逻辑是一致的。

a）

1—起居室
2—种植
3—餐厅
4—卧室
5—图书室
6—工作室

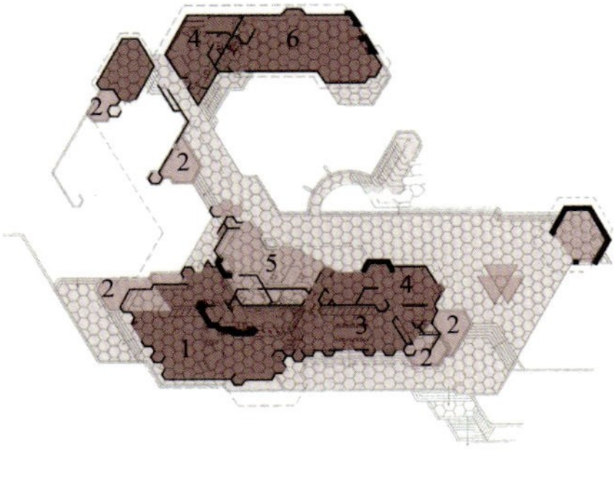

b）

图3-37 汉娜住宅，弗兰克·劳埃德·赖特
a）效果图 b）平面图

理查德·罗杰斯设计的**海德公园1号（图3-38）**外部轮廓由南北两个六边形的组合，建筑北侧面向公园景观，南侧面向城市，两侧采用了不同的划分方式，分别对应住宅的公共客餐厅部分以及私密卧室区域。虽然具体划分方式不同，但两侧的内部划分均依靠对外轮廓的**偏移**达成，保证了设计的整体性。

a）

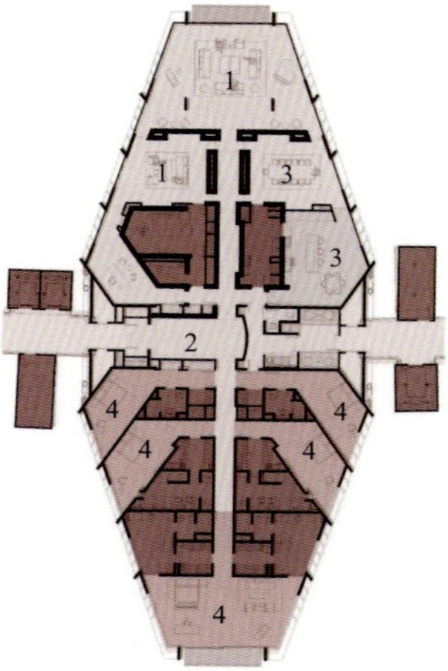

b）

1—会客厅
2—门厅
3—餐厅
4—卧室

图3-38 海德公园1号，理查德·罗杰斯
a）效果图 b）平面图

图3-39 古根海姆博物馆，弗兰克·劳埃德·赖特
a）效果图 b）平面图

a）

1—监控室
2—展厅
3—坡道
4—问询台
5—工作间
6—服务入口

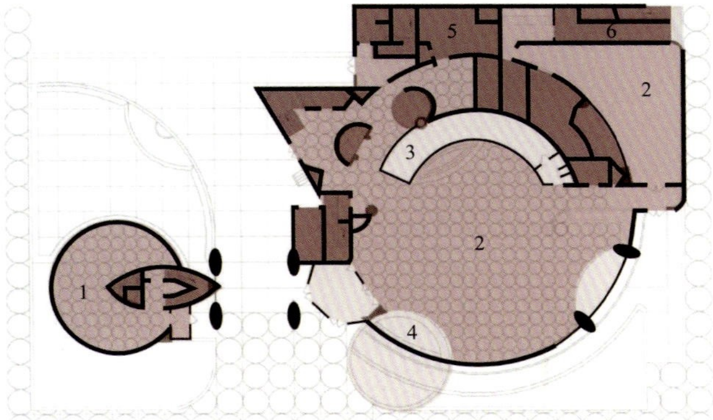

b）

（二）缩放

弗兰克·劳埃德·赖特设计的**古根海姆博物馆（图3-39）**的内部空间划分主要利用对圆形母形的**缩放**达成，在其平面中我们也可以找到被缩放后的小圆形，即使它不与大圆形同心，而是偏向一边，依靠相同类型元素的“基因联系”，也使得局部划分服从了整体结构。

（三）均分

中国（海南）南海博物馆（图3-40）的平面外轮廓是扇形，其内部划分逻辑是对图形的**均分，即基于图形的结构线进行划分**。均分实际上也是偏移的一种变体，属于非正交图形中的偏移，在矩形中均分与偏移可能呈现地是同一种结果，这个方案的扇形也可以被理解为由矩形顺应场地轮廓弯折得到。与偏移类似，均分也会最大可能地保证所有细分图形的方正性，利于空间的具体功能布局。前文我们看到的丽泽SOHO的放射形划分，其本质也属均分逻辑。

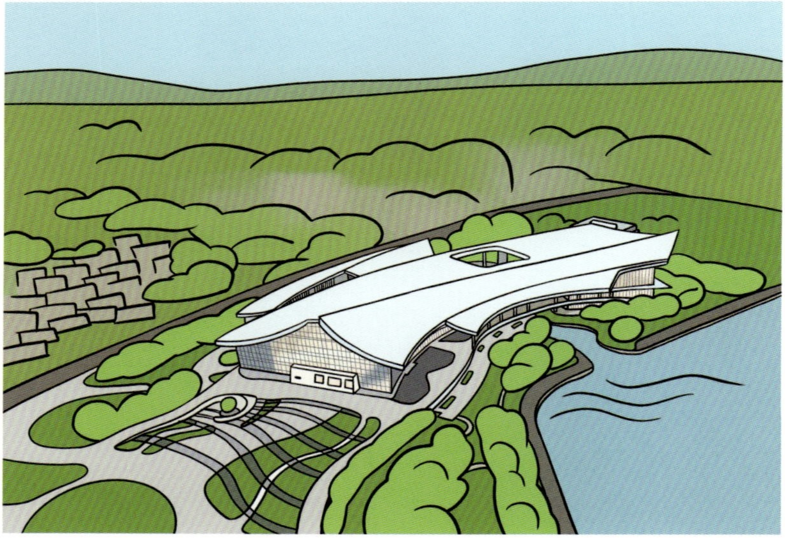

a）

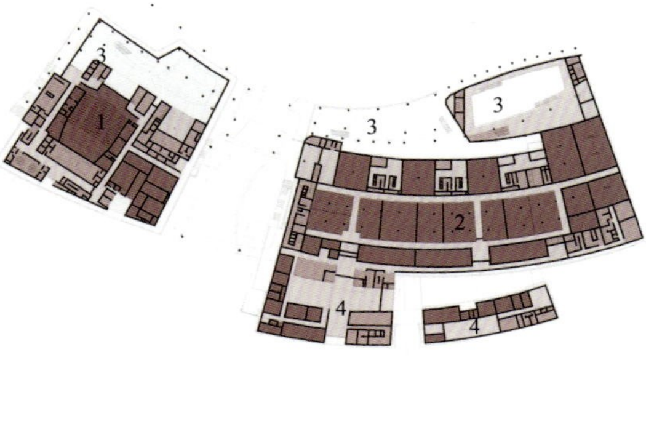

1—多功能厅
2—库区
3—展厅
4—办公区

b）

图3-40 中国（海南）南海博物馆，华南理工大学建筑设计研究院
a）效果图 b）平面图

图3-41　斯塔比奥圆房子，马里奥·博塔
a）效果图　b）平面图

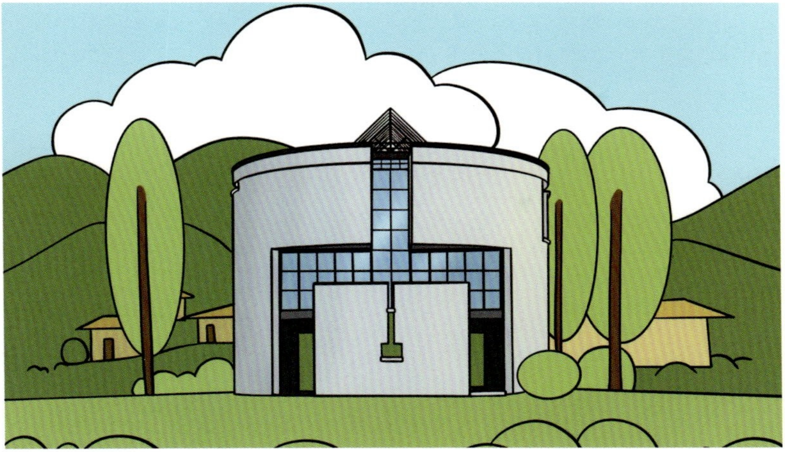

a）

1—书房
2—客卧
3—主卧

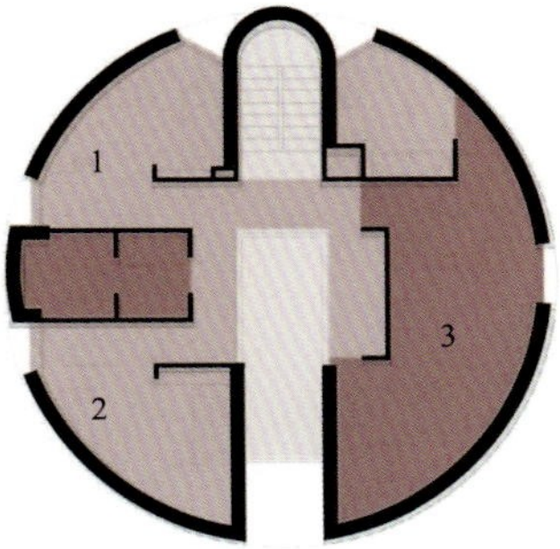

b）

（四）正交

以上所谈到的**偏移、缩放、均分**皆是基于原有的秩序，即母形外轮廓进行进一步的空间划分。而**正交**，则是基于图形内部置入的新的秩序，即正交网格进行空间划分，有如图形内部置入了一个坐标轴。坐标轴这种在人们认知逻辑中天然存在的秩序，能较好地和原有秩序进行结合，就像任何形状的本子都可以做成方格本，而毫不突兀。

马里奥·博塔的斯塔比奥**圆房子（图3-41）**是采用**正交**网格划分空间的经典案例。其平面以圆形为基底，取得了与常规方形不同的造型效果，而后通过遵循内部置入的正交网格进行空间划分，又保证了空间的方正性，同时满足了形式与功能要求。

不同于我们前文看到的丽泽SOHO的放射形划分，扎哈·哈迪德的**银河SOHO（图3-42）**在采用了同种椭圆轮廓的核心筒后，剩余的标准使用单元则由正交划分所得。在这种椭圆轮廓的造型下，采用正交划分的逻辑相对能给每个单元以更标准化的使用空间。**正交划分手法是几乎唯一一款可以在不与边缘轮廓发生关系的情况下，仍然可以实现整体与局部和谐的划分方式，因此在非方形建筑中非常常见。**

a）

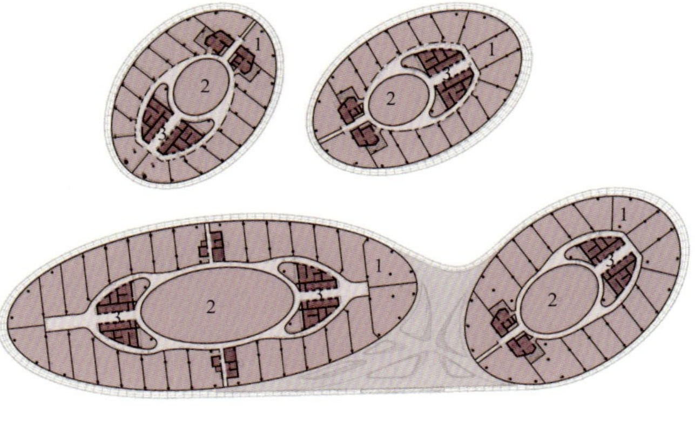

1—办公区
2—中庭
3—核心筒

b）

图3-42 银河SOHO，扎哈·哈迪德
a）效果图 b）平面图

图形的组织是秩序与变化的结合体，秩序又是变化的前提。在清晰的连接方式下，设计师通过图形组织从整体到局部的统一来实现图形的秩序。图形秩序成就了功能的高效运转以及形式的清晰统一。

整体关系上，我们通过图形间的“轴线”关系来控制图形的结构。局部划分中，我们通过分析邻近图形的“场”与内部的“分形”来实现对整体结构的呼应。在学习了**图形的空间性质、图形组织方法**后，我们已然搭建了一套**“空间设计专用几何系统”**，接下来可以进一步学习如何应用它推进设计。

实战巩固　方形组合的功能划分演绎

本章旨在让大家理解图形的连接关系与组织逻辑，进一步开发图形中的几何潜能，创造更丰富的形式与空间。下面我们就通过对给定的**一个基本组合形（图3-43）**进行“宿舍”“住宅”“展览”三种建筑类型的平面设计，测试大家是否能够在给定的单一图形中开发出丰富的可能性。

图3-43　一个基本组合形

答案：

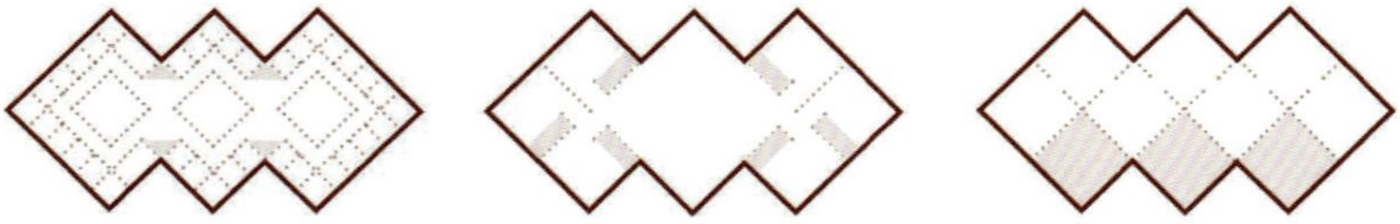

a）　b）　c）

图3-44　不同分隔方式
a）宿舍　b）住宅　c）展览

思路：首先观察该图形，可以理解为三个正方形穿插交错或数个小方形拼接产生，同时在图形的整体组合下，产生了横纵两条（对称）轴线。在注意到这些前置条件之后，可以根据不同建筑类型做进一步思考（**图3-44**）。

（1）宿舍：对单元化空间及采光的要求，用三个串联的中庭组织三个宿舍区，每个中庭并联对应的宿舍单元，剩余的转角区域布置服务空间。

（2）住宅：中央可以设计为公共性较强的大空间，两侧顺应图形穿插产生的场对称并联布置卧室房间，卧室内部平行边缘留出辅助功能空间。

（3）展览：建筑的核心是串联流线以及服务空间与展厅的配位布置，首先满足其串联流线，余下区域为服务空间。

同一种图形在同一种需求下也会产生多种解法。重点是设计师需要充分理解图形的性质，并掌握图形组织的秩序，用图形思维实现设计的螺旋式推进，最终协调形式与功能。

章节阅读打卡

印象深刻的地方（感想）：

想要提问的问题：

04

应用：以『图形思维』推进设计

形式追随功能
——路易斯·沙利文

形式激发功能
——路易斯·康

第1节　形式与功能的互相驱动

在本书第一章我们曾提到过，设计师可以以“功能”或者“形式”作为起点，再在设计过程中以“空间”为平台、“几何”为工具对两者进行交替的思考。当其中一方出现变更时，另一方应该及时跟进。理解了**设计中的形式与功能是如何互相驱动的，设计师才能更好地运用“图形思维” 推动设计**。本节将结合实际案例讲解这一过程。

一、功能驱动形式

功能驱动形式是相对更常见的设计思路。如**哈佛大学科学与工程综合楼（图4-1），**考虑到常规工程楼的两个大功能分区：实验室和交流空间，按其私密性排序自然将交流功能布置在公共性更强的低层，实验室放在私密性更高的高层。而由于两种功能对私密性的要求不

a）

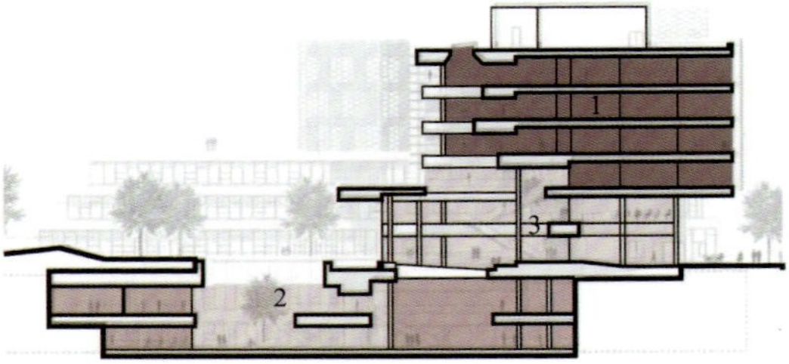

1—实验室
2—交流空间
3—互动教学

b）

图4-1　哈佛大学科学与工程综合楼，贝尼奇建筑事务所
a）效果图　b）剖面图

a）

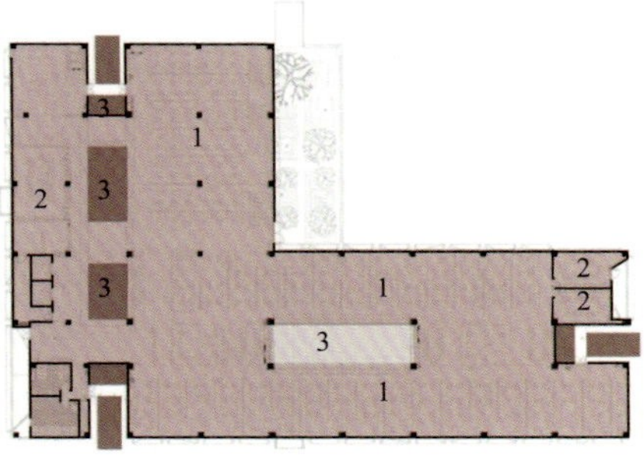

1—开放办公区
2—会议室
3—中庭上空

b）

图4-2　华阳国际东莞产业园研发楼，华阳国际设计集团
a）效果图　b）平面图

同，建筑的造型也因此产生了区分：上部为更封闭的体块，下部则用了分层的手法，并通过退台和挑空来促进人与人、人与自然的互动，增强空间开放性。这个案例中**功能的需求自然地催生了形式的设计**。

相似的以功能催生形式的案例还有**华阳国际东莞产业园研发楼**（**图4-2**），设计师将贴近外立面的疏散楼梯设计成与主体颜色不同的外凸楼梯，顺势而为将“必备功能”赋予形式亮点。保证了设计功能与安全性的同时，巧妙地打破均质的立面设计，为造型增添了活力。

但从另一个角度出发，设计师也可能认为连续的办公空间导致主立面过于“单调冗长”，需要寻找某种功能去打破，楼梯才会被布置在突出主立面的位置。这就可以被理解为形式呼唤功能。所以**一个实际设计中，并不存在单纯的一种逻辑，甚至起点也未必是单一的，形式与功能总是相互影响，最终协调。**

a）

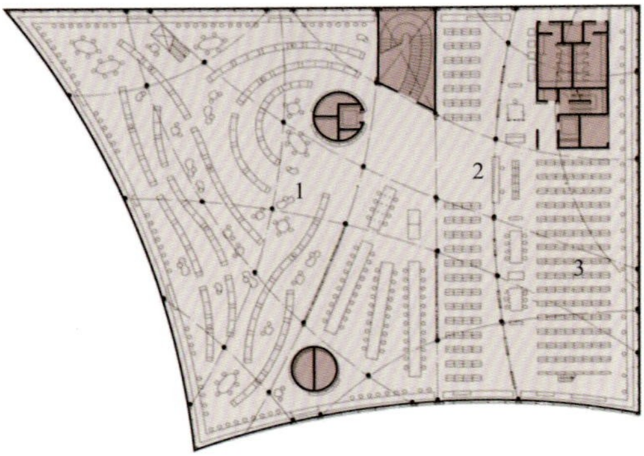

1—开架阅览区
2—受理柜台
3—闭架阅览区

b）

图4-3 多摩艺术大学图书馆，伊东丰雄
a）效果图 b）平面图

对“功能对形式的驱动”的进一步理解即**功能为形式提供可能性。形式成为功能的艺术化表达，任何一种功能都有可能成为有趣形式的“种子”**，甚至建筑的构件和家具布置都可以成为这些“子弹”，如**多摩艺术大学图书馆（图4-3）**为了营造在自然里阅读的感觉，设计师通过把传统的结构构件设计为相互交错的梁柱一体结构，打造出了“森林”的感觉，以往单纯作为“功能元素”的家具也以曲线形式排布以强调空间的流动。在这个设计中**功能元素成为重要的造型表达工具。**

二、形式呼唤功能

功能可以催生形式，形式也可以反向呼唤功能。功能虽是设计中的底线，但却具有极大的灵活性，要想在合理的功能组织的前提下，创造出一些有趣的空间，我们可以**尝试先从形式入手，再用合理的功能去“佐证”这种形式，**而这些“合理”功能经常是灵活性较强的公共功能。

以**四川美术学院虎溪校区图书馆（图4-4）**为例，这座建筑以长方形为基础形态，其长边容易带来一种冗长而单调的感觉。为了在形式上增加趣味性，设计师采用了**“打断”**的手法来打破长方形的连续性，避免立面形式的呆板。

这些立面的“缺口空间”就呼唤出花园等公共功能来“佐证”，来合理化形式。这样一来，不仅增加了建筑的视觉吸引力，也为图书馆的用户提供了更加多样和舒适的空间体验。可见从形式出发，能够帮助设计师思考更具有创新性的“功能”组合，最终得到形式和功能统一协调，且更丰富有趣的建筑空间。

a）

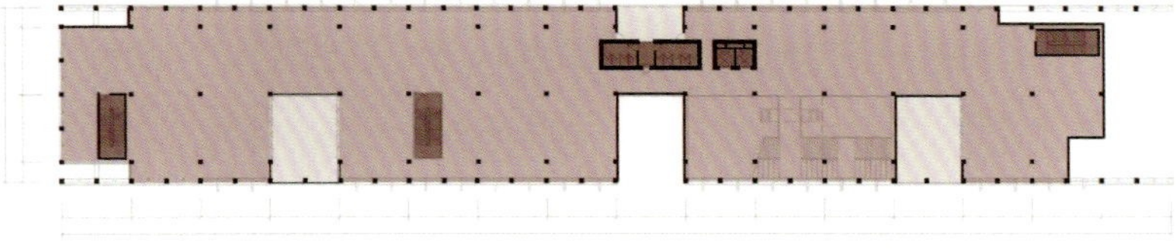

b）

图4-4 四川美术学院虎溪校区图书馆，汤桦建筑设计事务所
a）效果图 b）平面图

为了展现“连接”的主题，**腾讯滨海大厦（图4-5）**在原本独立的双塔之间设计了三个横向穿插的体块。这三个体块不仅实现两座塔楼的视觉和空间连接，让建筑整体更加统一，在功能上也被定义为以知识、健康和文化为主题的三个“交互中心”，其中设有培训中心、健身中心等公共功能，实现了使用者的连接。

这一设计中，形式呼唤出了相匹配的功能，协调统一，并共同彰显了对“连接”这一设计理念的回应。

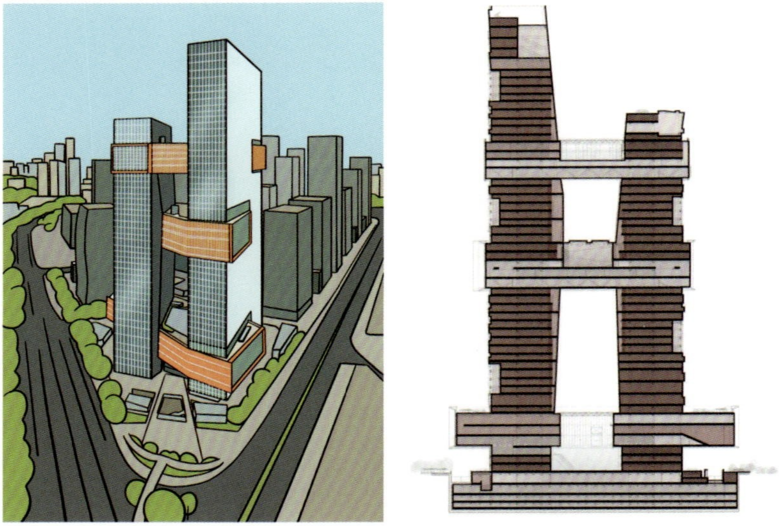

a） b）

图4-5 腾讯滨海大厦，NBBJ建筑设计公司
a）效果图 b）剖面图

通过形式呼唤功能，很多特殊的形式想法得以实现。广州圆大厦（图4-6）的造型十分夸张与具象，然而当我们分析它的剖面几何关系，发现其功能组织也十分合理。整个图形可以被分为五个部分：①底层，②中层两侧，③中层居中，④高层，⑤顶层。区分出不同的区域后，设计师基于不同位置图形的**几何特性**配置了适宜的功能。底部与周边环境接壤，公共性强，布置商业空间；中层两侧区域较为常规，布置一般的标准化办公区；中层居中的区域较为特殊，是连接中层左右两侧的空间，布置交易中心；高层进深长，空间连通，布置更

高需求标准的大型国际办公室；顶部则由于视野最好且面积不大，布置最重要的总裁办公室与高级酒店。**无论多么复杂或是特别的形式，只要我们可以开发图形的几何潜能，呼唤出匹配且合理的功能，协调的设计就可能实现。**

a）

1—办公区
2—购物中心
3—天台花园
4—集团办公区
5—交易中心用房

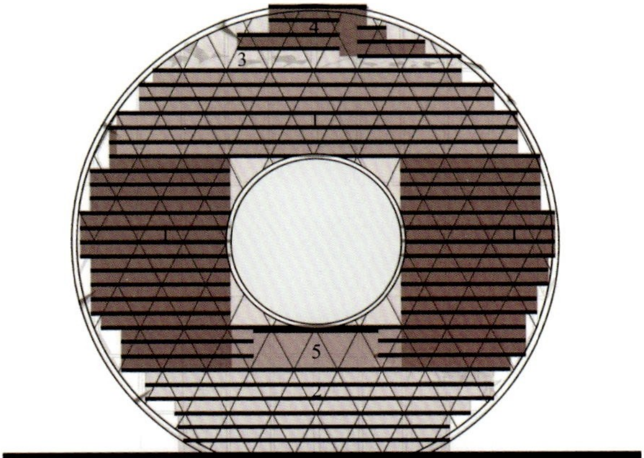

b）

图4-6 广州圆大厦，约瑟夫·迪·帕斯夸莱 a）效果图 b）剖面图

形式对功能的呼唤不仅能够激发丰富的建筑功能，还能**有效地整合设计中的各个局部，增强整体的连贯性和统一感。**以**济宁市文化中心三期文化产业园（图4-7）**为例，其线性建筑造型的延续需求，呼唤了线性的外部形式。此时景观“功能”被选择，以“佐证”场地中线性形式的合理性。这种呼应，有效整合了建筑与场地中的设计元素，使得设计更统一。在大多数设计中景观都是延续与烘托建筑“造型”的重要工具。

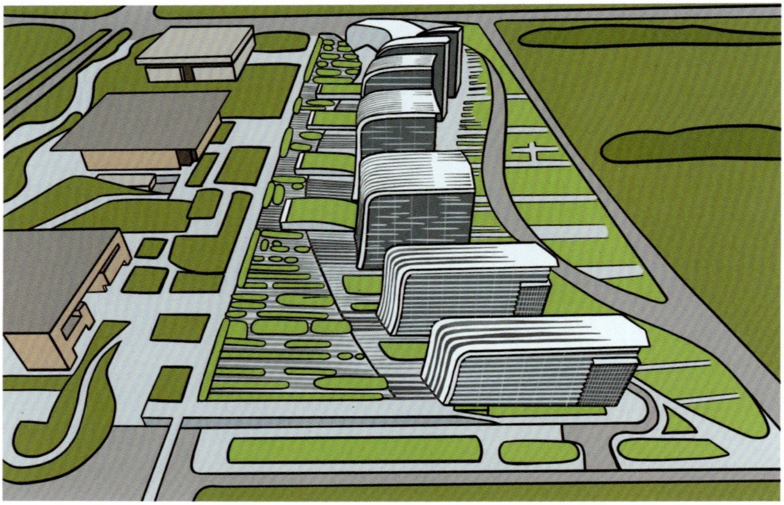

a）

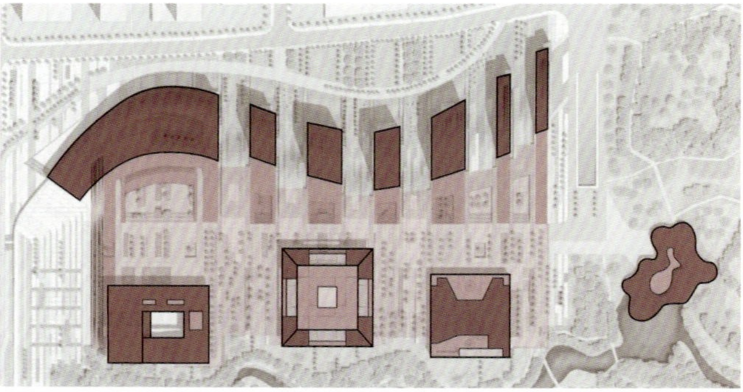

b）

图4-7 济宁市文化中心三期文化产业园，LLA建筑设计公司
a）效果图 b）总平面图

不管是功能催生形式，还是形式呼唤功能，都只是建筑师推进设计的一种方式，其**最后的目的都是实现形式与功能的协调统一，创造出形式与内容兼备的设计。**

在“形式功能互相驱动”逻辑下创造更丰富的设计则强调对整体设计进行**“区分”**，没有区分，设计的形式和功能都会变得很简单很有限。有了不同“空间特性”的部分，我们才能更好地开发不同部分的形式与功能，从而得到更丰富又协调的设计。

第2节　设计区分与图形解构

在设计中，对整体做出良好的**区分**是实现方案深度推进的重要方式。以与我们生活密切相关的**椅子（图4-8）**为例，木桩凳和伊姆斯670号躺椅同样满足了**“坐”**这一动作的基本要求，但是后者的设计更加丰富并名垂艺术史。这正是因为伊姆斯670号躺椅基于**“坐”这一动作的各个细节**，进一步考虑腰、背、腿、手臂等部位与椅子的关系，将设计区分出不同部分：承托不同部位的软垫、放置坐垫的结构，负责调节高度和移动的结构等。而后设计师还利用不同材质、形态从视觉层面去强调设计中的“区分”。

在建筑设计中也是如此，建筑设计往往在最初就有一个主导的平面关系或剖面关系，因此**对于建筑设计而言，可以从几何的角度出发，通过对图形的解构来实现这种重要的区分。**由图形出发的区分最终也需要在三维空间里得到“视觉”强化。**从二维发现与创造区分，到三维强化区分。**

a）　　b）

图4-8 椅子对比

a）木桩凳 b）伊姆斯670号躺椅，查尔斯和雷·伊姆斯

图形能被解构的要素分为面、线、点三种主要类型（图4-9）。第一种，解构为面，关注区域划分；第二种，解构为线，关注几何边界；第三种，解构为点，关注图形端部。**解构的要素不同，意味着不同的区分角度，随之产生的形式和功能的逻辑也会不同。**

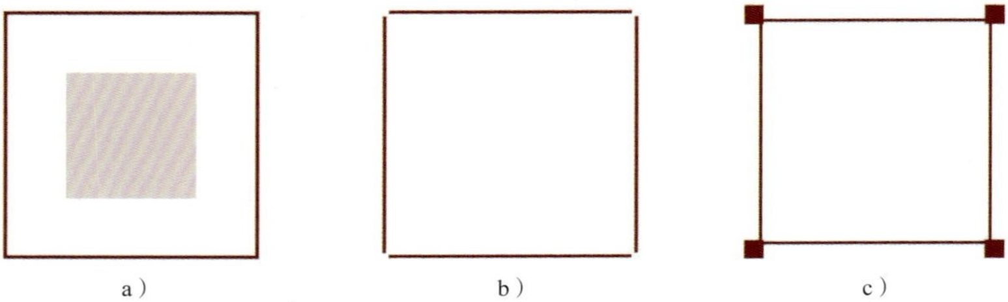

图4-9 图形解构
a）面（区域） b）线（边界） c）点（端部）

解构之后，我们可以在平面中对解构的部分进行分离、切割、扭转、变形等操作来创造区分（**图4-10**）。

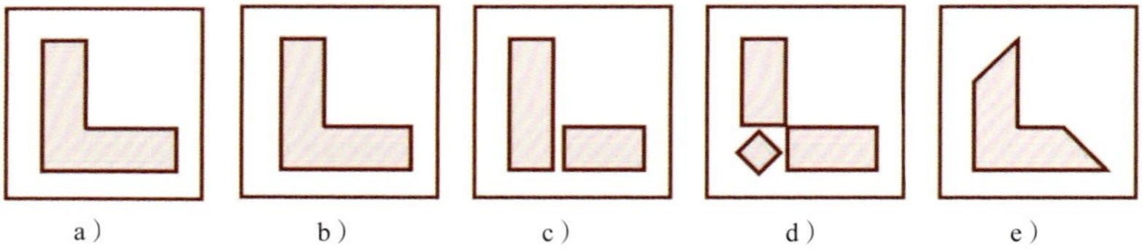

图4-10 形状的操作手法
a）原形 b）伸缩 c）分割 d）扭转 e）变形

强化视觉区分的手法有很多种，最常见的是材质区分与形状区分（图4-11）。材质区分的手法通常呈现为**颜色、肌理、虚实等**对比的组合，体量区分则通常包含**尺度、比例、形状等**对比的组合。下面将带领大家从实际案例中理解区分的创造与强化。

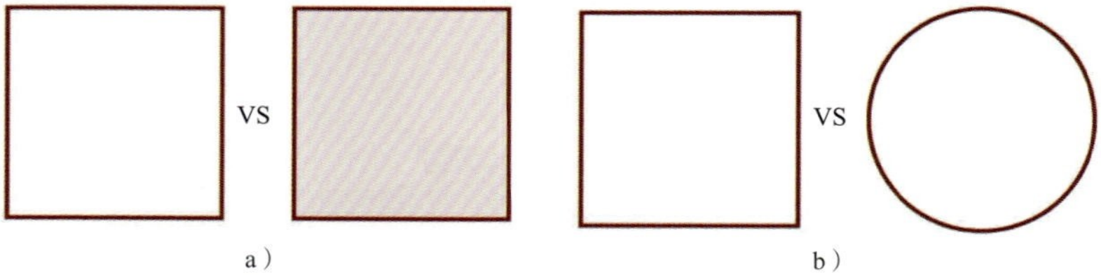

图4-11 解构后的视觉区分手法
a）材质 b）形状

藤本壮介设计的**布达佩斯音乐之家（图4-12）**概念上强调与自然的互动，因此设计中也强调建筑，尤其是下部体量在自然中的消解。

从其主导剖面图也可以看出，设计被分割为上下两个**区域（面）**，并通过两个区域的形状对比来进一步创造“设计区分”。这种区分在三维中又通过材质与体量区分被进一步呈现。上部是带孔洞的曲面实体，与自然交互的同时满足相对私密的教育功能。下部则通过使用玻璃材质创造一个无体量感的通透“虚体空间”融入自然，放置公共性更强的音乐厅和露天舞台。整体设计层次因为这种区分而产生，形式与功能统一协调且呼应设计概念，空间体验也更加丰富。

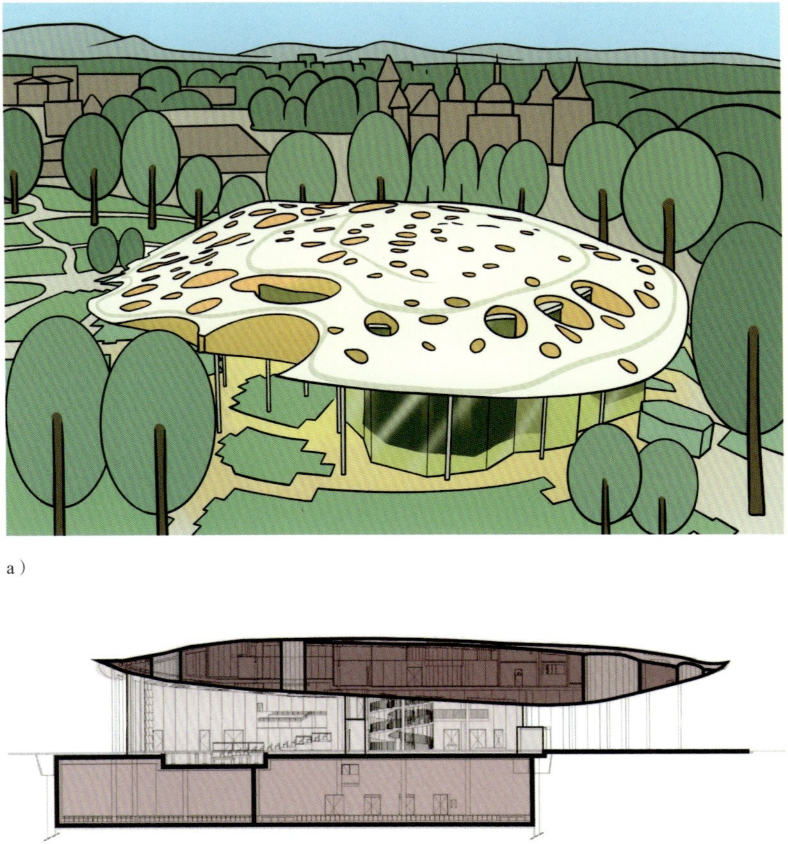

a）

b）

图4-12 布达佩斯音乐之家，藤本壮介
a）效果图 b）剖面图

路易斯·康设计的**埃克塞特大学图书馆（图4-13）**则从面与线两个角度来创造区分。从其平面可以看出，首先图形被**“嵌套的方形”（面）**分成内中外三个区域，分别对应中庭、书库、阅览区三个功能。这种“区分”进而被三种不同的结构形式强调。这也是大家对这个经典方案最熟悉的部分。但同样值得注意的是，在此之上，外围方形被解构成四个**边界（线）**，同时通过分离的方式创造出设计中的“区分”，反映到三维上就是被脱开的独立墙体。整个设计在形式上也不再被作为“体”理解，而是被拆解的“面”。通过一系列的精细而理性的区分，设计师成功创作了一件值得后人反复推敲的精品。

a）

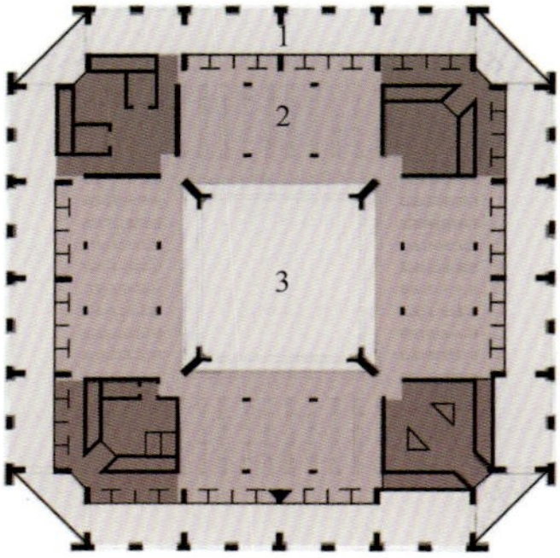

1—阅览
2—书库
3—中庭

b）

图4-13 埃克塞特大学图书馆，路易斯·康
a）效果图 b）平面图

图4-14 德国新天鹅城堡
a）效果图 b）平面图

a）

1—塔楼
2—庭院

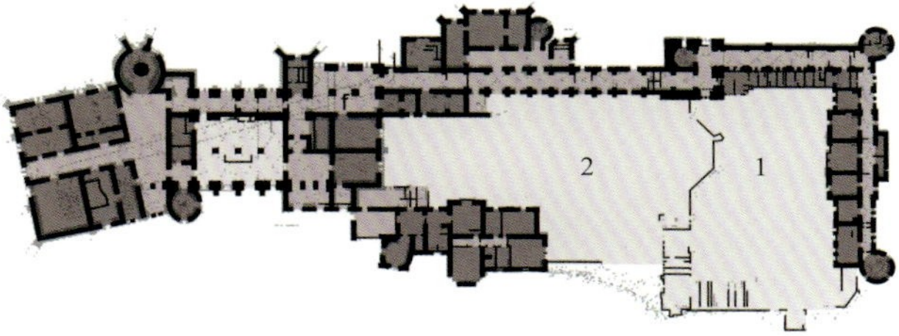

b）

德国新天鹅城堡（图4-14）则展现了对“端部”的解构。从其平面可以看出，图形的端部都采用了特殊的处理手法，设计师首先用突出的圆形等形状变化去创造端部的“区分”，在三维空间中又进一步用高度去强调“区分”。这些端部高耸的突出塔楼，满足了更高的视野，承载了防御塔的功能，成为保护城堡的象征。

当我们尝试从解构平面图形的角度去创造“区分”开始，就能看到更多可以被设计的可能。需要注意的是，以点、线、面三种方式解构图形之后，被解构部分在“三维空间”层面的形式强化也非常重要，这是二维决策在三维空间的具象体现，这种“视觉区分”直接影响观众对设计的“阅读体验”。下文将以衍生几何图形解析与案例为基础，介绍如何通过图形的“区分”进而推动建筑的形式与功能的设计。

第3节 衍生几何图形的解构

在第二章中，我们已经从整体的角度讲解了**衍生几何图形的空间性质（图4-15）**，本节将带领大家**从不同的角度解构**各有特性的常规“衍生几何图形”，将其拆解成不同的局部要素，并通过对图形中要素进行形式以及功能的区分，更深度地开发图形的几何潜能，为设计的进一步推进提供更多可能性。

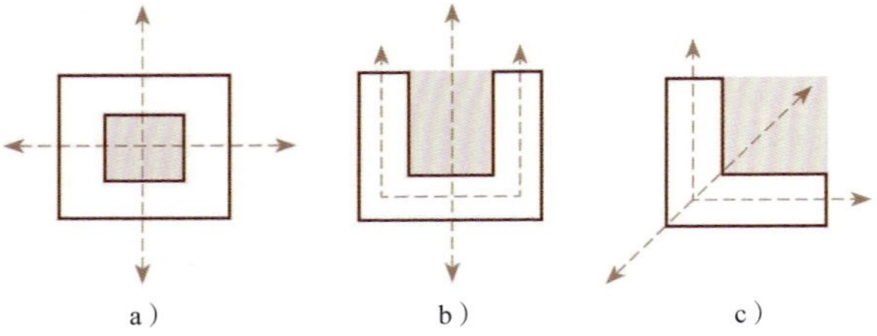

图4-15 衍生变体
a）回字形 b）C字形 c）L字形

一、回字形

回字形（图4-16）的基本性质为**围合度高、中心辐射四周**。我们可以用不同的边逻辑或面逻辑对基本的回字形进行区分。比如强化或弱化回字形的边界，或是强调回字形的两翼或端部等方式。形式的区分，也为**设计能够更精准地回应特定局部的使用需求**提供可能，为使用者在视觉与体验上都创造出了更丰富的层次。**此时我们对于基本衍生几何图形的观察与认知就比之前仅从整体的逻辑出发深了一层，关注图形局部与局部之间的关联。**

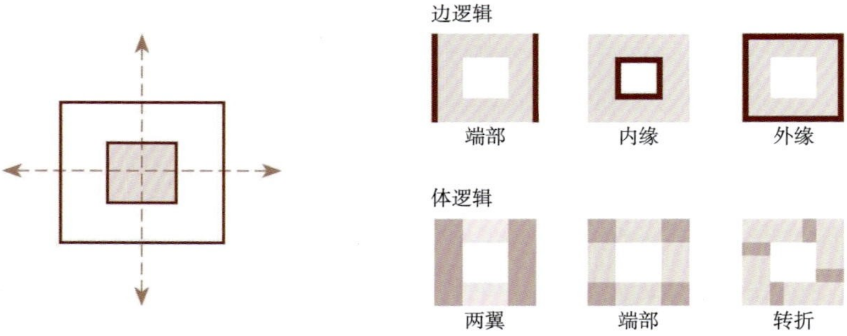

图4-16 回字形

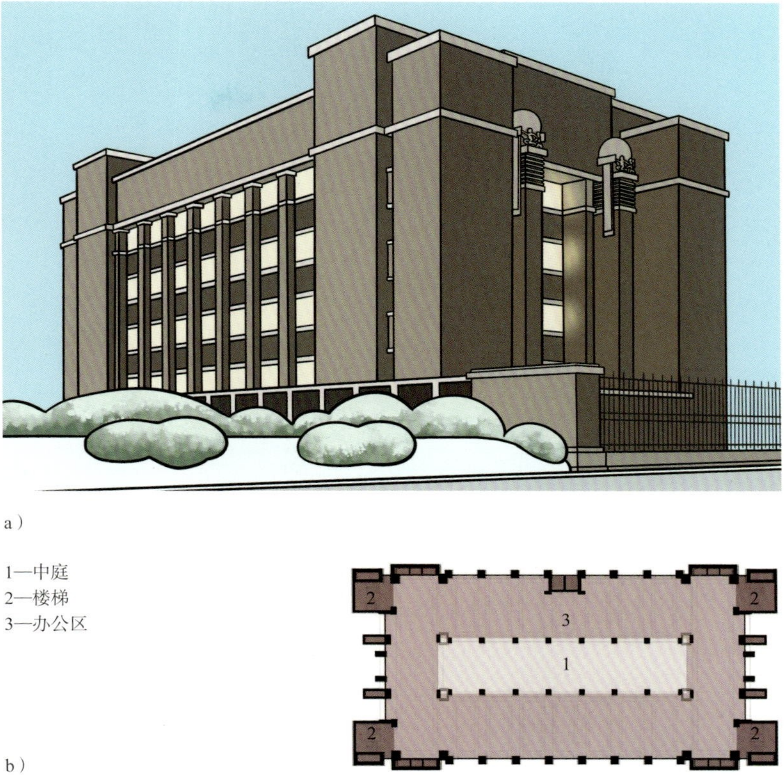

a）

1—中庭
2—楼梯
3—办公区

b）

图4-17 拉金大厦，弗兰克·劳埃德·赖特
a）效果图 b）平面图

在实际的应用中，比起点，我们更常从线或者面的逻辑来解构图形，然而端部的面也可以理解成一个点。例如，在弗兰克·劳埃德·赖特设计的**拉金大厦（图4-17）**中，他采用了回字形平面，并对其端部进行了创造性的解构。这些端部空间，由于它们与建筑的中心区域——回字形的中庭——相对隔离，因此在形式上被设计成突出且分离的体块，以实现视觉上的区分。在功能布局上，这些端部被划分为辅助楼梯间等后勤空间，这样的布局不仅有助于维持建筑内部的流线清晰，同时也让外立面设计可以对应通过减少开窗来强化这种造型区分。这种处理手法与**德国新天鹅城堡（图4-14）**对于端部的处理有着异曲同工之处，不仅满足了建筑的功能性，同时也增强了其视觉冲击力和形式上的表现力，从而达到形式与功能的和谐统一。

阿尔瓦·阿尔托设计的**珊纳特塞罗市政厅（图4-18）**同样采用了**回字形**作为基本形，建筑师通过“面”的逻辑将其拆解成U字形与条形的组合。在平面中可以看到，U字形区域与条形区域通过形式分离形成“区分”，功能上也同样顺应图形逻辑，条形空间承担了公共图书馆的功能，U字形则布置较私密的市政功能。

此外，U字形的端部被进一步解构，用局部空间放大的手法强调了端部与整体的“区分”，功能上此处也承载了特殊的会议室功能。在三维造型中，这种“区分”又进一步被更高的体量所强调。通过解析这个案例中回字形平面被“区分”的过程，我们看到设计是如何一步步被推进的。“区分”是“设计”最重要的推进方法之一。

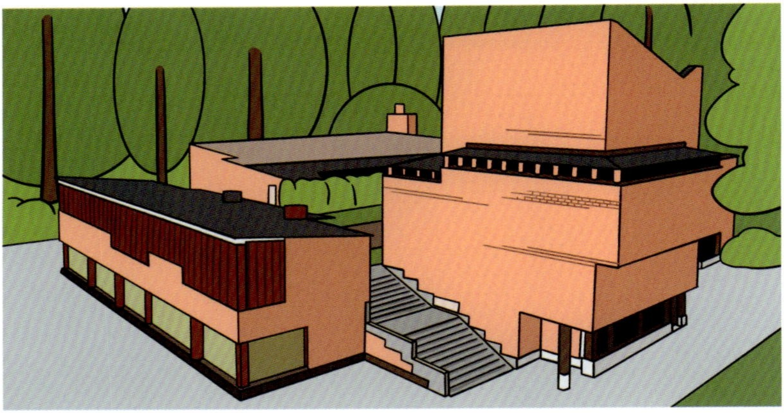

a）

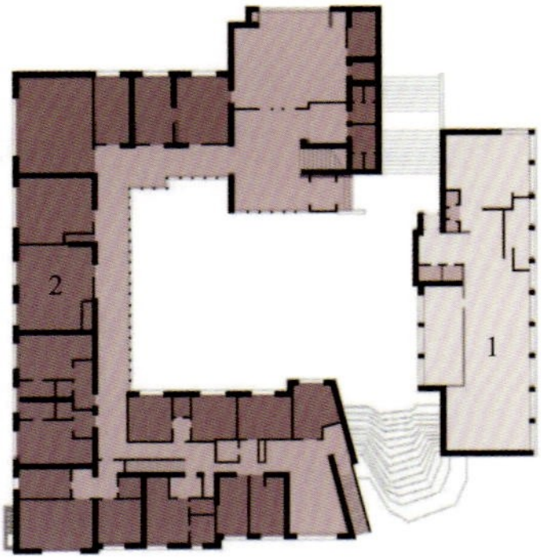

1—图书馆
2—办公区

b）

图4-18　珊纳特塞罗市政厅，阿尔瓦·阿尔托
a）效果图　b）平面图

图4-19 重庆市南开两江学校，gad
a）效果图 b）平面图

a）

1—选修课教室
2—标准教室
3—中庭

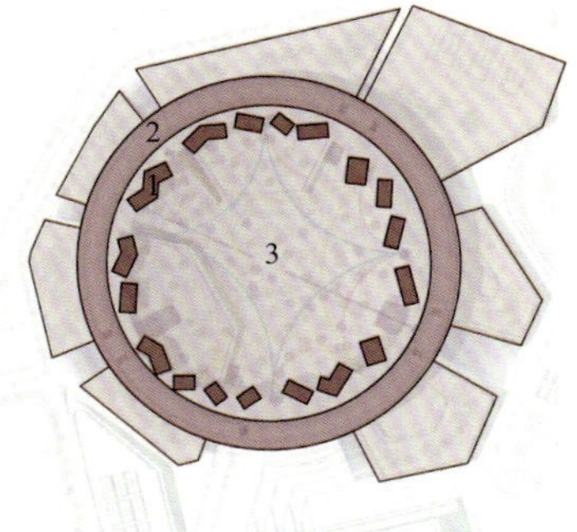

b）

重庆市南开两江学校（图4-19）平面为环形，是**回字形的变体**。通过将建筑平面从线的逻辑出发解构，设计师将空间明晰地区分为内外两个环。外环作为一条连续的轮廓线，承载了标准教室功能，并向外界展示了学校的有序整齐。内环则面向内部庭院，转化为一系列不连续的线段，容纳了更具灵活性的选修课教室，营造了一个充满活力的内部空间环境。这种内外环的设计区分，赋予同一个建筑两种截然不同的特性。外环强调规律和统一，而内环则强调分散和多样，这样的对比不仅丰富了空间体验，也体现了在同一建筑中**形式与功能的巧妙协调**。通过内外环的“区分”，同一个设计有了两种个性。

二、U字形

U字形（图4-20）的基本性质为单向开放、三向连续。解构U字形前我们同样需要对图形的组成部分进行进一步理解，对于U字形，在“线”逻辑下，我们关注的更多是内缘与外缘的区别，在“面”逻辑之下，U字形的两翼与中间的连接处则成为核心关注点。

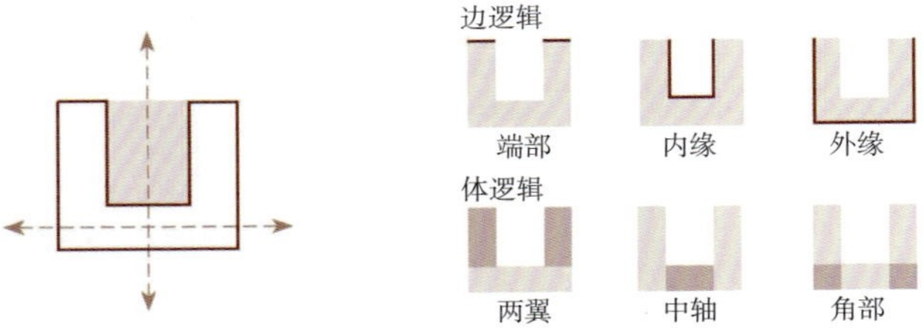

图4-20 U字形

凯达环球事务所设计的**卢卡斯影业（图4-21）**用完全不同的立面设计策略“区分”图形的内缘和外缘。面向街道的外缘是建筑主要的城市展示面，设计师用完整曲面的玻璃幕墙营造出简洁干净的外立面形象，传递建筑的标志性。而内缘则更加强调办公空间与U字形半围合庭院的互动，因此采用层层出挑的外立面形式，强调建筑横向的划分，增强与环境的互动。

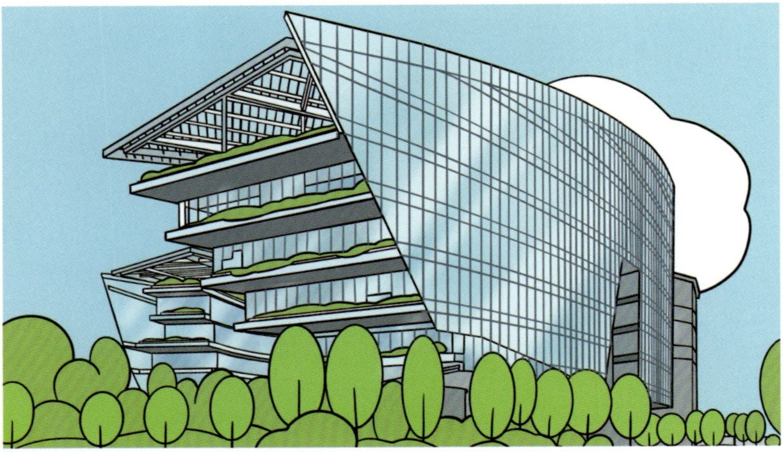
a）

图4-21 卢卡斯影业，凯达环球事务所
a）效果图

图4-21 卢卡斯影业，凯达环球事务所（续）
b）平面图

1—办公区
2—核心筒

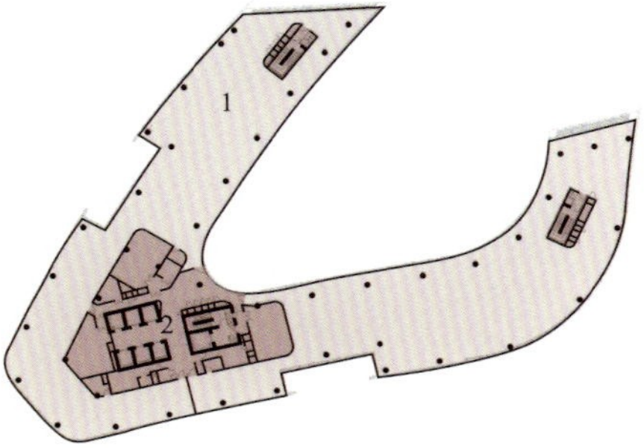

b）

Cuvry多功能办公园区（图4-22）从面的角度把设计解构成U字形的两翼与中间的连接部分，并通过对两翼端部的延伸将3个区域分离，较特殊的连接处设计建筑入口大厅，两翼部分则布置了办公、饮食、零售等常规空间。方案在立面造型上又进一步用“虚实对比”来强调连接处与两翼的区别，连接处的玻璃立面为主入口带来充分的采光，与两翼的实体造型形成对比。通过被区分的空间，与立面的“虚实对比”我们不需要文字标注就能将功能私密性的区别传递给使用者。

图4-22 Cuvry多功能办公园区，TCHOBAN VOSS建筑事务所
a）效果图 b）平面图

a）

1—大厅
2—办公区
3—核心筒

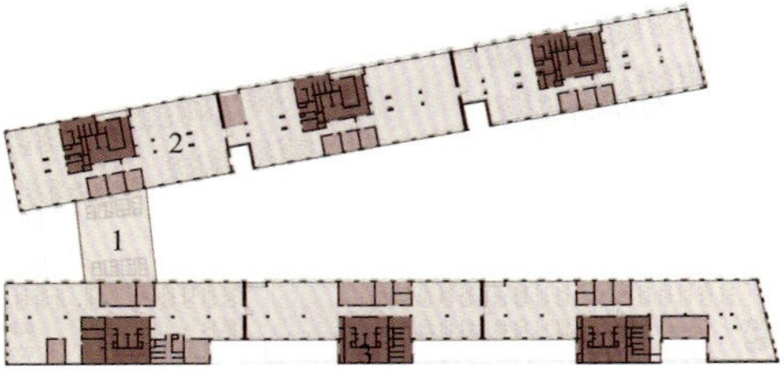

b）

埃森哲人才中心（图4-23）中为隔绝高速路一侧的噪声，**U字形**的**两翼端部**被区分出来，并设计为核心筒以隔绝环境干扰。由于核心筒不似办公空间有强烈的采光需求，造型上该端部也相应采用了白色钢制叶片，与办公区域的玻璃幕墙形成强烈的虚实对比，进一步强调区分的同时为两侧延展的体量起到了“终点提示”的作用。

三、L字形

L字形（图4-24）单向对称开放，两向连续，在弯折的同时具有造型动势。解构L字形的逻辑和U字形有极大的相似之处，同样从线的角度需要关注内外缘，从面的角度需要关注两翼与中轴，区别只在于L字形的中轴是中心的角部。

a）

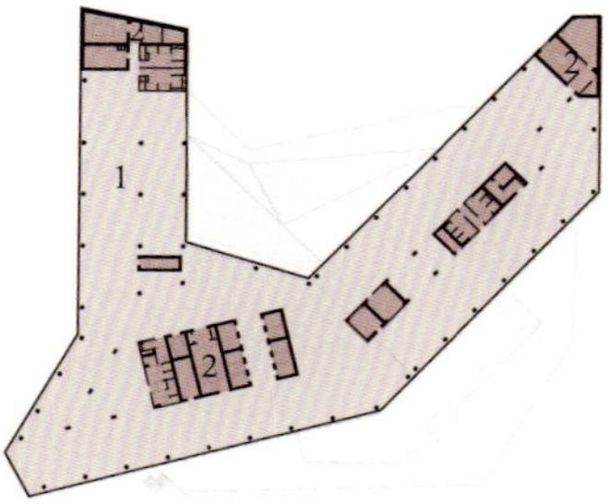

1—办公区
2—核心筒

b）

图4-23 埃森哲人才中心，Park Associati
a）效果图 b）平面图

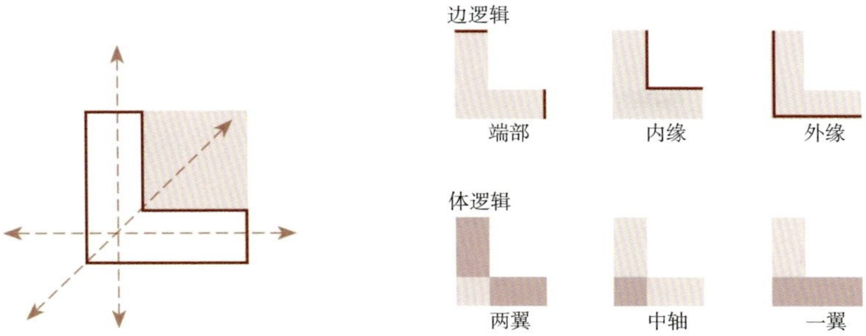

图4-24 L字形

凯达环球事务所设计的位于中东的安利捷总部大厦（**Abdul Latif Jameel Corporate Headquarters**）**（图4-25）区分了L字形平面的内外边缘**，将设计拆解成内外两个“分离”的L字形。外侧面向快速路，且面临西晒，对应功能上布置会议室、食堂、健身房等非高频使用功能空间，同时配合开窗较少的造型，隔绝噪声与西晒问题。内侧L字形布置使用率高的办公室，使用典型的玻璃幕墙立面满足采光要求。通过图形内外缘的区分，设计回应了场地的限制条件，创造出了更满足用户需求的办公空间。

a） b）

图4-25 安利捷总部大厦（Abdul Latif Jameel Corporate Headquarters），凯达环球事务所
a）效果图 b）平面图

a）

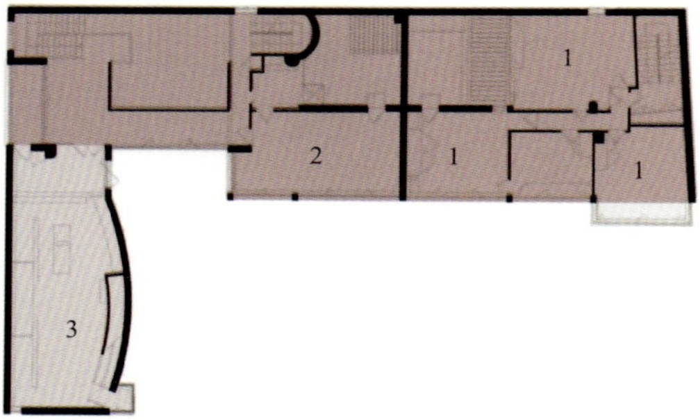

1—卧室
2—餐厅
3—画室

b）

图4-26 拉罗歇别墅，勒·柯布西耶
a）效果图 b）平面图

拉罗歇别墅（图4-26）则重点是将L字形布局的两翼区分开，在较长的一翼布置基本的住宅功能，而在另一翼布置画室满足用户的特殊需求，并用底层架空和弧形立面的手法强调这一区分。解构并区分的目的是挖掘更多的设计可能性，是帮助我们不止于简单的使用功能，而去创造更个性化设计产品的重要手段。

通过解构的方式将整体形状拆解为不同的局部元素，并通过判断图形元素与整体图形甚至外部环境的关系，为不同的图形元素赋予不同形式以及功能，以此实现设计的推进。当面对更加复杂的形体时，同样可以用这种方法进行拆解与深化。

第4节　复杂形体的解构

无论多复杂的形体，都可以被解构成点、线、面三种元素，且通常一个方案不会被拆解成超过三个部分。如都市实践设计的**美伦公寓+酒店（图4-27）**的平面看似复杂，当我们结合其模仿中国传统聚落的组织关系，即“伴山而居”的概念去解构复杂的图形，就能发现看似复杂的方案可以拆解为外围一圈作为山的意象的图形，及内部零星几个“被山环抱的小楼”图形。两个区域的“区分”又通过屋顶以及立面形式等造型手法的区别被进一步强调。

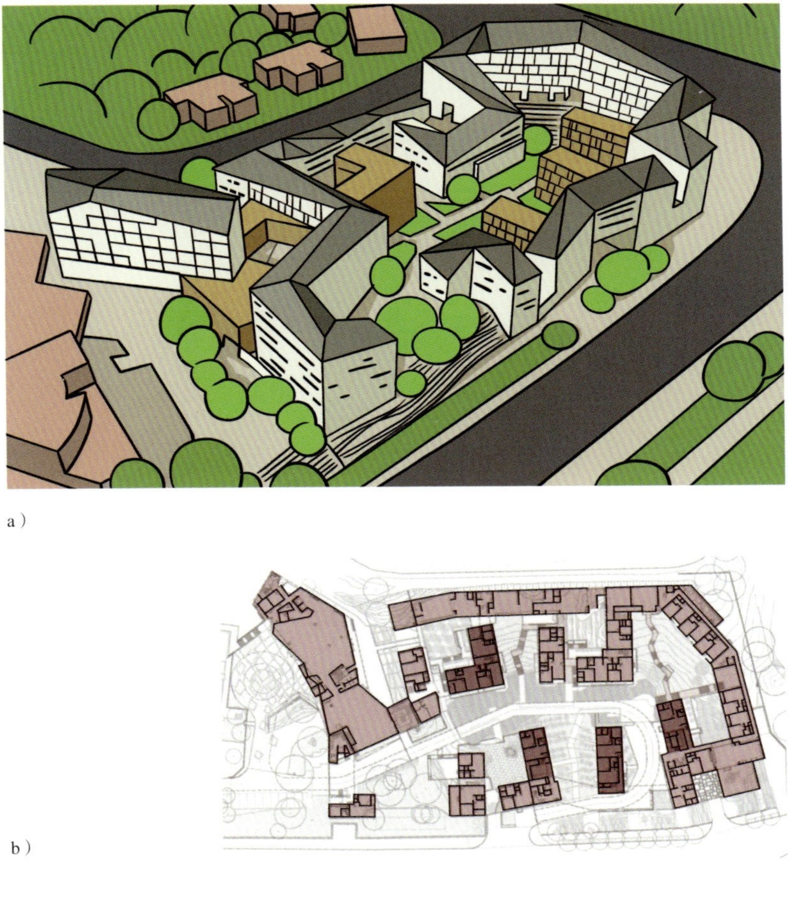

图4-27　美伦公寓+酒店，都市实践
a）效果图　b）平面图

杭州国际学校（图4-28）的平面图形同样可以以“面”的逻辑进行拆解，整个平面由一个东西向延展的“中轴面”并联6个“次轴面”组成，其本质是一个被切划分成7个区域的长方形，通过每一个区域的形状改变来创造“区分”。中轴区域由于与每一个次轴区域都发生空间联系，因此布置为联系各空间的交通枢纽。垂直于轴线的两个方形区域同样处于图形中部且与周边图形联系紧密，因此设计为公共性更强的社团活动区域，立面设计上也通过强调其作为一个体块的特征暗示其公共性。剩余的四个分支区域则布置为一般功能教室，立面设计也采用常规的横向划分语言反映其每一层均质相似的功能。通过解构的方法，充分发挥图形每个局部元素的“潜力”，为其赋予适配的形式与功能，进而实现设计的推进。

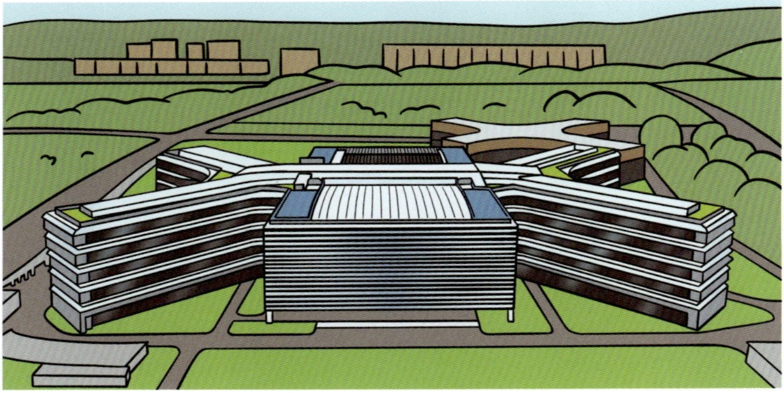

a）

1—教室
2—活动空间
3—体育馆
4—剧院

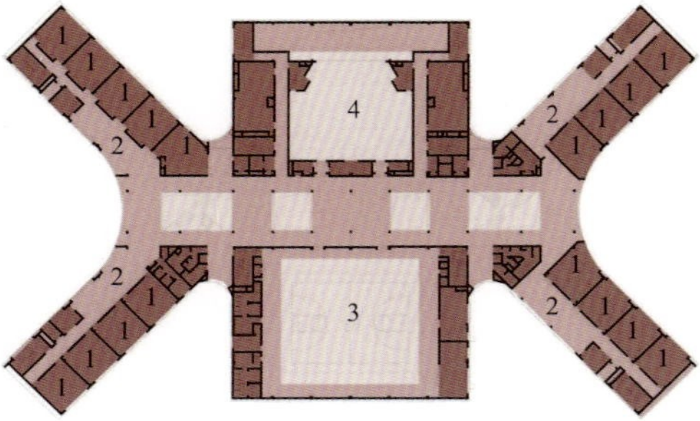

b）

图4-28　杭州国际学校，朱培栋& line+建筑事务所& gad
a）效果图　b）平面图

用“几何思维”推进“空间设计”的本质是**以“空间”为载体、“几何”为工具**，以理解“形式与功能的互相驱动”为前提，在**解构与区分**几何图形的过程中，开发“几何潜能”，最终**实现建筑形式与功能的思考与协调**。相信通过本章的介绍，我们可以更深刻地体会到，几何作为度量空间的工具，是如何帮助设计师建立形式与功能的联系，并实现在抽象决策与具体空间中穿梭自如。

章节阅读打卡

印象深刻的地方（感想）：

想要提问的问题：

参考文献

[1] 阿恩海姆. 建筑形式的视觉动力 [M].宁海林，译. 北京：中国建筑工业出版社，2006.

[2] ALEXANDER J H. 建筑中的数学之旅 [M]. 李莉，译. 北京：人民邮电出版社，2014.

[3] 程大锦.建筑：形式、空间和秩序：第四版 [M]. 刘丛红，译. 天津：天津大学出版社，2020.

[4] 哈姆林. 建筑形式美的原则 [M]. 邹德侬，刘丛红，译. 武汉：华中科技大学出版社，2020.

[5] 劳尔，潘塔克. 设计基础 [M]. 范雨萌，王柳润，译. 长沙：湖南美术出版社，2015.

[6] 罗文媛，赵明耀. 建筑形式语言 [M]. 北京：中国建筑工业出版社，2001.

[7] 阿恩海姆. 艺术与视知觉：视觉艺术心理学 [M]. 滕守尧，译. 北京：中国社会科学出版社，1984.

[8] 阿恩海姆. 视觉思维：审美直觉心理学 [M]. 滕守尧，朱疆源，译. 北京：光明日报出版社，1986.

[9] 罗贝尔. 静谧与光明：路易・康的建筑精神 [M]. 成寒，译，北京：清华大学出版社，2010.

[10] 康定斯基. 点・线・面 [M]. 余敏玲，邓扬舟，译. 重庆：重庆大学出版社，2011.

[11] 顾大庆. 设计与视知觉 [M]. 北京：中国建筑工业出版社，2002.

写在最后

在《咏春》这部电影中，我们看到了叶问对着木人桩坚持不懈地练习，这种对基本功的执着，使他在面对各式各样的挑战者时都能应对自如，甚至还培养出了武术界的传奇——李小龙。就像钢琴家日复一日的音阶练习，厨师对刀工的精益求精，舞蹈家对基础步伐的不断打磨一样，几乎所有精湛技艺的背后都是基于**对基本规则的深入理解和运用**，在设计中也是如此。

物理学家理查德·费曼曾经说过："生命只不过是原子的摆动和晃动。"看似复杂且变化万千的世界，其实也是基于一套简单规则的不断组合。随着可持续设计、数字化建筑以及人工智能等新概念的涌入，我们可能会对"建筑师专业能力"的定义感到迷茫。然而，我坚信**建筑师对形式、空间、功能的深刻理解，就像叶问对着木人桩的练习，是建筑师面对新知识和新概念时的坚固根基。**借助这些基本语言，我们能够在建筑的舞台上，将新理念和技术划归到我们原有的设计体系之中。

空间是协调形式与功能的重要载体，本书为读者们建立一套能为设计师所用的“空间设计专用几何系统”，帮助大家将错综复杂的空间问题简化到几何图形中去思考，并最终在实际空间中还原这些抽象决策。正如武术大师在对基本动作的重复练习中逐渐掌握战斗艺术的精髓，设计师也可以在对本书所提及的设计原理与方法的深入理解与反复应用中，找到自己对空间设计独特的理解。

解码系列图书始终强调的理念是**“以建筑为载体，但不止于建筑”**。在图书中我不仅以建筑为载体讲授形式、空间、功能等设计知识，同时，也会引导大家领会抽象思维、树形思维、系统思维在设计中，甚至在解析复杂世界时的重要性。这些思维方式是帮助人类适应变化并思考创新的底层思维。我由衷地希望读者即使未来不在建筑设计行业，也仍然能从对解码系列图书的学习经验中得到一点新启发。**设计思维无处不在**。

[内容团队]

聂克谋（km）

创意设计理论研究学者，建筑设计师
湖南大学建筑学学士
美国加州大学洛杉矶分校建筑学硕士
逾十年建筑设计研究与实践经验

致力于用理性思维解剖“只可意会而不可言传”的设计艺术

许可乐

设计创意人、建筑设计师
华南理工大学建筑学学士
美国加州大学洛杉矶分校建筑学硕士
丰富的海内外建筑设计实践及跨学科研究经验

倡导以跨学科的知识体系创造性解决现实世界中“纷繁复杂”的问题

杨艺佳

热爱文字的建筑师
西南交通大学建筑学学士

主张为建筑学设计更加清晰简洁、易懂的学科理论体系

[特别鸣谢]

插画设计：周雯欣
技术图设计：林雨漩

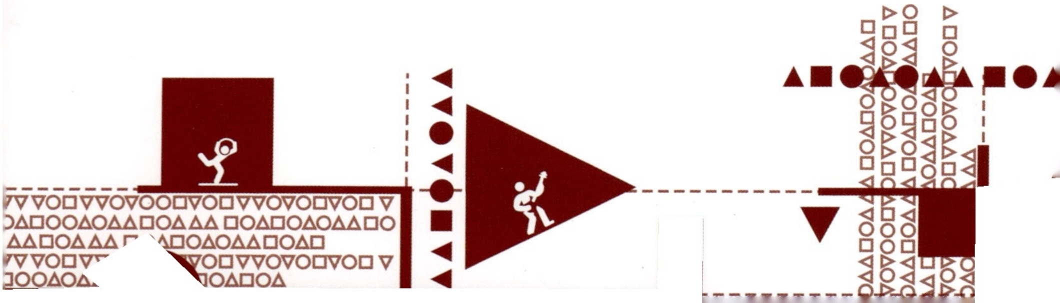